U0172728

谦德少年文库

QIANDE JUVENILE LIBRARY

给孩子的几何四书

几何定理和证题

许莼舫 著

团结出版社

图书在版编目（CIP）数据

几何定理和证题 / 许莼舫著. — 北京 : 团结出版社, 2020.9

（给孩子的几何四书）

ISBN 978-7-5126-8441-6

Ⅰ.①几… Ⅱ.①许… Ⅲ.①几何—青少年读物

Ⅳ.①O18-49

中国版本图书馆CIP数据核字(2020)第227080号

出版: 团结出版社

（北京市东城区东皇城根南街84号 邮编: 100006）

电话:（010）65228880　65244790（传真）

网址: www.tjpress.com

Email: zb65244790@vip.163.com

经销: 全国新华书店

印刷: 北京天宇万达印刷有限公司

开本: 145×210　1/32

印张: 25

字数: 350千字

版次: 2021年1月 第1版

印次: 2021年1月 第1次印刷

书号: 978-7-5126-8441-6

定价: 128.00元（全4册）

作者的话

有些中学同学在学习平面几何学的时候，由于对基本概念了解得不够清楚，即使对定理和法则都明白也不会灵活运用，因此难于获得良好的学习效果。作者因为有这样的感觉，才编写了这一套小书。这套书分《几何定理和证题》《几何作图》《轨迹》和《几何计算》四册。内容主要是：(1)帮助同学们透彻了解教科书里的材料；(2)把这些材料分类和总结，指导同学们去运用，从而掌握解题的正确方法；(3)通过多道例题，对同学们做出较多的引导和启示，借此获得观摩的效果；(4)提供一些补充材料，使同学们扩大眼界，充实知识，提高理论基础水平，为进一步学习创造有利条件。

这一册是《几何定理和证题》，定理和证题是几何学里最主要的部分，初学的人必须先把这部分的基本概念认识清楚，才能获得学习效果。因此，本书第一部分里对这些基本概念做了详细的解释。为了避免解释太过空泛，文中尽量用具体而浅显的实例来说明，一方面使同学们获得深刻的印象，另一方面又可以增加同学们学习的兴趣。

在第二部分里，依证题的种类，分别举例有正轨可循的法则，每一法则必有一两道有代表性的范例。范例中的"思考"或"解析"一项，可以启示思索的过程，培养同学们的思考能力，增强同学们解决问题的真实本领。

本书每讲述一个证题法以后，就选录能和范例密切配合的"研究题"若干，以备同学们练习，对于其中较难的题目，都做了适当的"提示"，借以启发思路，使同学们乐于尝试。

几何证题非常繁多，证法也千变万化，学习者除对有一定法则可循的证题必须熟练外，还要发挥创造的能力，将定理和证题法灵活运用，因此，本书第三章里就列举了一些活用的实例。读者若能细心研讨，在这方面一定会得到显著的进步。

本书每遇到同学们易犯错误的地方，就会特别指出，以引起同学们的注意。题材可以推理或证法可以变通的，就提供资料，鼓励同学们主动研究。在这些地方，希望同学们特别留意，养成细心和深入钻研的习惯。

本书在编写时虽经仔细斟酌，但错误之处还恐难免，希望读者多多批评和指正。

许莼舫

目录 *contents*

一　基本知识

什么是几何定理和证明题

中国最早的一部数学著作，大概是汉朝时候的作品，名叫《周髀算经》。在这本书里，记载着商高回答周公的话，有一段说："把直尺折成一个直角（就是90°的角），假使勾（就是较短的一段）长三，股（就是较长的一段）长四，那么弦（就是尺的两端间的距离）一定是五。"意思是说："假使直角三角形（有一个角是直角的三角形）的两条直角边的长是三和四，那么斜边（直角所对的边）的长是五。"在古代埃及建造庙宇时，必须依照一定的方向，他们先观察天上的星，确定南北方向以后，再取一条绳子，按照3∶4∶5的连比，打两个结，然后沿着结折成一个三角形，放在地上，使一条短边沿南北的方向，那么另一条短边所指的方向一定是东西方向。这一事实说明"假使三角形的三边成3∶4∶5的连比，那么两条短边夹的角是直角"。这些关系，又经过后人的推广，在中国有陈子所说的"把勾、股各自乘，两数相加（如 $3^2+4^2=25$ ），开平方就得弦（如 $\sqrt{25}=5$ ）"；在西方有希腊人毕达哥拉斯（*Pythagoras*）所证明的"在直角三角形中，两条直角边的平方的和，等于斜边的平方（如 $3^2+4^2=5^2$ ）"。像这样，用来显示图形的性质的每一个叙述，它的真确性须经证明的，就是几何学中的定理。

几何学中的系，又叫推论，也是定理的一种。譬如说"在直角三角形中，用斜边的平方减去一条直角边的平方，等于另一条直角边的平方"，这是可以从前述定理（以后统称勾股定理）推得的，所以是该定理的系，其实就是附属的定理。

几何学中有许多要我们证明的习题，通常叫作证明题，或简称证题，其实也是定理。在教科书里面把证明详细记下的定理，是在证明别的定理或习题时必须用作根据的，又叫基本定理。至于其余在证定理或习题时不常用，留着给学者做证明的练习的定理，就是证明题。例如：前举的勾股定理，在几何教科书中都有它的证明，将来在证题上用得很多，所以是基本定理。若另有一定理："四边形的两条对角线互相垂直（就是相交而成直角），那么两对边平方的和等于另两对边平方的和。"这需要根据勾股定理，先确定

$$a^2 = e^2 + h^2 , \quad c^2 = f^2 + g^2 ,$$

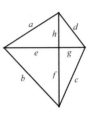

相加得　　$a^2 + c^2 = e^2 + f^2 + g^2 + h^2 ,$

同法得　　$b^2 + d^2 = e^2 + f^2 + g^2 + h^2 ,$

就能证明 $a^2 + c^2 = b^2 + d^2$。

这一条定理在证其他定理时不需要用作根据，所以算作证明题，普遍都列在习题里面。

在有些几何教科书中，往往把重要的定理也放在习题里面，譬如"直角三角形的斜边的中点，距离三个角顶一样远"，在证题上用途很大，但常被列在习题里，学者应特别注意。

总之，不论定理、系或证明题，实际都是定理，以后我们统称作定理就是。但"证题"两字以后常指证明定理的步骤。

最后要说的是中国的《周髀算经》里记载的都是关于天文方面的计算，古代人民为了农业劳动生产上的需要，必须研究天文，于是发现了许多几何定理。埃及人为了解决住的问题，在建筑工程上也发现了许多几何定理；又因尼罗河的定期泛滥，须在水退后重新丈量土地，进行耕种，又发现了求各种图形面积的定理。这些事实证明了几何学的产生和发展，是以生产条件为基础的。人类要生活，就需要劳动生产，特定的生产方式，决定特定的社会形态，同时决定了

对形状和数量上的特定认识。可见几何学同其他的数学和
自然科学一样，都是劳动的产物。

几何定理为什么要证明

下面有三幅图,可以用来试试你的眼力。请你先看图
(1),就"形状"来观察一下,其中有一个三角形,它的三条
边是不是都向内弯曲呢? 继续比较一下图(2)中a、b两段线
的"大小",是不是一看就觉得a比b长呢? 最后再就图(3)
中各线的"位置"来观察,你是不是要说a线段同c(或d)线
段是在同一直线上呢? 其实你完全看错了! 不相信的话,可
以用一把尺来量一下,就知道(1)的三角形的各边都是直
线,(2)的a, b两线段一样长,(3)的a线段同b线段在同一
直线上。

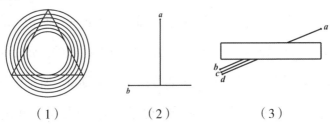

（1）　　　　　　（2）　　　　　　（3）

这事实可以说明,我们研究图形的形状、大小和位置

等性质，不能单靠眼睛，因为有时候眼睛会产生"错觉"。

但是我们要注意，这里并非是说研究图形不可以或不需要用眼睛来观察，只是说单凭观还是不够的。

人们认识事物，必然要通过实践，在实践中由于感官的觉察，看到各个事物的整体方面，看到各个事物的片面，看到各个事物间的外部联系。这样看到的虽然还是一些粗糙的东西，有时会造成错觉，但是它毕竟是由人们的意识和客观现实接触而来，是知识的一个开端。这种由感觉来认识事物，是认识的基本阶段，叫作感性认识。

在实践中，人们运用脑子，想上一想，费一番判断和推理的工夫，就把认识推进了一大步。这时就能够抓住事物的本质、事物的表面和事物的内部联系。好比粗糙的玉石经过了琢磨，已经晶莹光亮、纤毫毕露了。这是认识的发展阶段，叫作理性认识。

几何学是从感性认识发展到理性认识的学科，即理论联系实际。

因为几何学只以物体的一部分性质——形状、大小和位置，作为研究的对象，而发展到理性认识的，所以可舍去物体，就物体所占的空间部分用理论来演绎。所谓演绎，就是从已知的定理逐步推演而得未知的定理，借此找出一个正确的结论。这种离开了物体，而就物体占据过的空间来想象的（即物体的形状、大小和位置来研究的），就是几何学的抽象性。

几何定理的证明，就是用理论演绎的方式，来断定图形的真实性质的记叙。证明的主要任务在于要我们说明为什么在一定条件之下必然产生一定的结论，即要我们提出根据，证实结论的正确性，揭发它们之间的内在联系。

几何定理的论证，必须以若干公理为基础（详见下部分），这些公理是从实践得来的，与客观事实相符的。从这里出发，推证而得种种定理，这些定理又可与实际生活中遇到的事物互相参证，即理性认识是符合感性认识的。可见几何学是根据现实，又从现实发展成一理论体系，转过来又指导我们对现实做进一步的认识。这样从现实而抽象，再从抽象而指导现实，循环往复以至无穷，可说完全是唯物辩证的。

因此，几何定理的证明决不是纯粹抽象的理论，而是与现实结合，即理论与实践趋于一致。

定理的基础

你遇到了喜欢寻根究底的人，是不是常被问得哑口无言呢？这也不能怪你缺乏辩才，因为各种事物的理由，虽然初时是不难解释的，但是继续不断地解释下去，终究会达到一个无法解释的地步。这时候除回答说"这是当然的"以外，再也没有相当的理由了。譬如人们要在方形广场的一角走到对角，都依对角线方向在广场上斜走过去，假使我问你：为什么他们不从广场边的道路转一个弯走过去，而要去走斜径呢？我想你一定会回答说：这是为了节省时间。那么怎样节省时间呢？你回答说：因为走斜径比从道路上转弯过去要近，距离愈近，时间就愈省。那么为什么斜径的距离比较近呢？这时候你被逼着，只好说"这是当然的"了。其实这一事实，不仅我们人类知道它是当然的，就算是一只野兔，当它被猎狗追逐时，它决不会转弯抹角地沿着田间小路奔跑，而是依一直线从田间逃回洞穴。可见"在所有连接两点的线中，直线段最短"这一句话，可说是自然的真理，为人人所公认，即使不加理由（事实上已无法给以明确的理由）也不会使人怀疑的了。

几何学既然是理论演绎的科学，那么必须依据逻辑的推理法则，去寻求空间的一般性质。所谓逻辑的推理，就是每一句话都有确切的理由，每一理由又必须有其所以成立的缘故。这样寻根究底，一定要同上举的实例一样，有一个起点，用来做立论的基础。因此有些理由只能根据经验或直觉，肯定它成立，就是认为已极正确，无可怀疑，以做基本的真理，这就叫作公理。

譬如我们在几何学中要证a、b两线段相等，往往先去寻出另一线段c，然后根据种种理由，逐步推得$a=c$和$b=c$，到这时候，要断定$a=b$，已经没有相当的理由可以根据，于是只能做一个"等于同量的量相等"的假定，认为a、b两个量既然都等于c量，那么这两个量的相等已经是自然的真理，不必再怀疑了。像这样的假定，就是最基本、不必再加理由而可以认为成立的公理。

不论哪一种学科，都有若干专门的名词。我们知道了这些名词的意义，对这些名词有一个概念，才能着手研究这一门学科。每一概念必须解释它的特殊性质，借此同别的概念有所区别。这样的解释，就是这一概念的意义。几何学上的许多定义，就是在证题时必须使用的概念的解释，所以也是证题的根据。

　　譬如我们要想证明前举的勾股定理，必先具有"直角三角形"的一个概念。"有一角是直角的三角形，叫作直角三角形"，就是直角三角形的定义。但是要完全了解这一个定义，又需先有"角""直角""三角形"等比较基本的概念，这样探究下去，就有几个最为基本的概念，像"点""线""面""体"等类，是构成一切几何图形的基本元素。

　　上述的公理和定义，都是几何证题最原始的根据。有了这一个基础，就可以推演而得一切的空间性质，构成一个几何学的理论体系。

　　几何学上所用的公理和定义，在初高中的几何教科书里都已详载，同学们在初学几何时就已熟悉，这里不再举示了。

定理的两半段

诸位假使要请工匠来做家具，一定先要把材料交给他，然后再告诉他所要做的是什么家具，这样他才好动手去做。材料的种类很多，譬如用木料和竹头都可以做桌子，但是做法各不相同，用的工具也是两样。你告诉了他是哪一种材料，他才能计划做的方法和准备必需的工具。家具的种类也很多，譬如桌子和箱子都可以用木料来做，但做法和工具也有不同，一定先要知道了家具的种类，才可以谋划和准备一切。

几何定理的证明，好比是做家具，因此在定理的叙述中间，一定要先把已有的材料说出来，然后再把所要做的东西说出来，这样才好确定用什么去做。譬如在定理

（1）对顶角相等

（2）等腰三角形的底角相等

中，所要证明的同是"两角相等"，但给我们的在（1）中是

"两个对顶角", 在(2)中是"等腰三角形的两个底角", 这好比是做同一的家具, 但用的是两种不同的材料。又如在定理

　　(3)直角三角形的两个锐角互为余角,

　　(4)直角三角形的两条直角边的平方的和等于斜边的平方,

中所给我们的同是"一个直角三角形", 但是我们证明的在 (3)中是"两个锐角互为余角", 在(4)中是"两条直角边的平方的和等于斜边的平方", 这好比是用同一材料去做两种不同的家具。

　　照上面所举的例子看来, 不论哪一条几何定理, 都可以分为两半段, 前半段可比作已有的材料, 是假定这样的, 叫作假设, 也就是已知这样的, 所以又称已知; 后半段可比作要做的东西, 是施以推理所生的结果, 叫作终结, 也就是初时不知道是否成立, 必经证明后才能成立的, 所以又称求证。

　　要想证明一条定理, 必先把定理的假设和终结分清楚, 好比是认清用什么材料和做什么东西一样, 这当然是一件最重要的事情。但是初学几何的人, 对于这一点往往感觉困难, 这里应该要来详细说明一下。

　　定理的一般形式, 可写成

$$\underbrace{假使A是B,}_{假设}\ \underbrace{那么C是D}_{终结}$$

其中的前半段"假使……",有时用"若……"或"已知……",都是假设。后半段"那么……",有时用"则……"或"求证……",都是终结。

例如:

$$\underbrace{假使三角形的两边是相等的,}_{A\quad\quad B}\ \underbrace{那么这两边所对的角是相等的。}_{C\quad\quad\quad D}$$

$$\underbrace{假使两个邻角的外边是一直线,}_{A\quad\quad\quad B}\ \underbrace{那么这两角是补角。}_{C\quad\quad D}$$

通常定理的叙述都很简略,要辨别它的假设和终结,必须依照原意,把写法改换一下。改换的方法,不过是加上几个虚字,使它的意义更明显一些罢了。譬如"对顶角相等"的定理,可改写成的一般的形式如下:

$$\underbrace{假使两角是对顶角,}_{A\quad B}\ \underbrace{那么这两角是相等的。}_{C\quad\quad D}$$

有些定理的假设比较复杂,一般的形式是

$$\left.\begin{array}{l}假使A是B,\\ 又\quad E是F,\end{array}\right\}那么C是D$$

假如"等腰三角形顶角的平分线,必平分底边",可改成

假使一个三角形是等腰的，

$\underbrace{\qquad}_{A}$　$\underbrace{\quad}_{B}$

又有一直线是平分这三角形的顶角，

$\underbrace{\quad}_{E}$　$\underbrace{\qquad}_{F}$

那么这直线是平分底边的。

$\underbrace{\quad}_{C}$　$\underbrace{\quad}_{D}$

定理可以从一变四

人们说一句话，在结构上往往有次序先后的不同；在性质上往往有正面和反面的分别，从而形成各种不同的方式。譬如

甲说：我们中国，是世界上人口最多的国家。

乙说：世界上人口最多的国家，是我们中国。

丙说：不是我们中国，就不是世界上人口最多的国家。

丁说：不是世界上人口最多的国家，就不是我们中国。

这四句话，包含的意义虽略有不同，但同样是正确的。因为这样的每一句话，也可以分成假设和终结两半段，譬如甲说的话可以改写为

假使一国是我们中国，那么这国是世界上人口最多的国。
　　A　　　　B　　　　　C　　　　　D

所以也都是定理。我们把甲说的话当作是原有的定理，那么乙说的话是把原定理的假设和终结的"次序逆转"，叫作逆

定理。丙说的话是把原定理的"是否对调",叫作否定理。
丁说的话是把原定理的"次序逆转",且又把"是否对调",
叫做逆否定理。于是知道每一定理都可以有四种变化,一般
的形式是

（甲）原定理　假使A是B,那么C是D。

（乙）逆定理　假使C是D,那么A是B。

（丙）否定理　假使A不是B,那么C不是D。

（丁）逆否定理　假使C不是D,那么A不是B。

下面举一个几何定理的例子:

（甲）原定理　假使三角形的两边相等,那么它们所对的两角也相等。

A是B　　　　　C是D

（乙）逆定理　假使三角形的两角相等,那么它们所对的两边也相等。

C是D　　　　　A是B

（丙）否定理　假使三角形的两边不相等,那么它们所对的两角也不相等。

A不是B　　　　　C不是D

（丁）逆否定理　假使三角形的两角不相等,那么它们所对的两边也不相等。

C不是D　　　　　A不是B

我们再把这四条定理间的关系仔
细观察一下,知道若把（乙）当作是原定
理,那么（甲）是"次序逆转"的逆定理,
（丁）是"是否对调"的否定理,（丙）是

既"次序逆转"而又"是否对调"的逆否定理。再把(丙)或(丁)分别当作原定理时,其他三定理也都同它们有一定的关系。现在用右图来表示,相互间的关系就很明显了。

在假设比较复杂的定理中,它的变化的形式较多。在假设中有A是B、E是F两项的,应该把其中的一项保留,而以另一项同终结依前法变化。一般的形式是

(甲)原定理　　若A是B,又E是F,那么C是D。

(乙)逆定理　　a.若A是B,又C是D,那么E是F。

　　　　　　　b.若E是F,又C是D,那么A是B。

(丙)否定理　　a.若A是B,又E不是F,那么C不是D。

　　　　　　　b.若E是F,又A不是B,那么C不是D。

(丁)逆否定理　a.若A是B,又C不是D,那么E不是F。

　　　　　　　b.若E是F,又C不是D,那么A不是B。

假如定理"等腰三角形顶角的角平分线,必平分底边",可变化成下列的各种形式:

(甲)原定理　　若一三角形等腰,又一直线平分顶角,则这直线平分底边。

(乙)逆定理　　a.若一三角形等腰,又一直线平分底边,则这直线平分顶角。

b.若一直线平分三角形的顶角,又平分底边,则这三角形等腰。

（丙）否定理　　*a.*若一三角形等腰，又一直线不平分顶角，则这直线不平分底边。

*b.*若一直线平分三角形的顶角，又三角形不等腰，则这直线不平分底边。

（丁）逆否定理　　*a.*若一三角形等腰，又一直线不平分底边，则这直线不平分顶角。

*b.*若一直线平分三角形的顶角，但不平分底边，则这三角形不等腰。

从定理变得的都正确吗

任何人都知道猫是四足的动物，我们把这句话当作原定理，加以变化，得到下列的四种说法：

(甲)原定理　假使一动物是猫，那么这动物有四足。

(乙)逆命题[1]　假使一动物有四足，那么这动物是猫。

(丙)否命题　假使一动物非猫，那么这动物非四足。

(丁)逆否定理　假使一动物非四足，那么这动物非猫。

由事实知道(甲)和(丁)都正确，但(乙)和(丙)都不正确。

再举一个几何定理的例子：

(甲)原定理　假使两角是对顶角，那么这两角是相等的。

(乙)逆命题　假使两角是相等的，那么这两角是对顶角。

(丙)否命题　假使两角非对顶角，那么这两角不相等的。

1.定理是正确的命题，包括在命题之中。因为命题可能正确，也可能不正确，所以正确的可以叫作定理，不正确的只能叫作命题。

（丁）逆否定理　假使两角不相等, 那么这两非对顶角。

同前,（甲）（丁）是成立的, 但（乙）（丙）不成立。

我们用上面的方法, 把很多命题都研究一下, 知道有些同前面的例子一样, 四种变形都正确; 有些仅有（甲）（丁）两种正确, 其余都不正确。一般就这两种情况。可见原命题（甲）同它的逆否命题（丁）一定是同时正确的, 我们证明了其中的一条正确, 另一条就跟着正确, 可以不必证明。又因（乙）同（丙）之间也有次序逆转而又是"是否对调"的关系, 把（乙）看作原命题,（丙）就是逆否命题, 假使两者之一正确, 另一也跟着正确。从此知道, 每一个命题虽有（甲）（乙）（丙）（丁）四种变化, 我们如果能在（甲）（丁）中任意证明一条, 再在（乙）（丙）中证明一条, 那么另外两条一定正确, 不必再证明了。要更清楚一些, 可参阅前节的图, 其中一个四边形的四角顶所表的四个命题, 凡在对角的两条是同时正确, 或同时不正确的; 凡相邻的两条是不一定同时正确的。如果证明了任何相邻的两个命题, 那么四个命题就都正确了。

在前面举的几个例子中, 为什么有的逆命题和否命题正确, 有的不正确呢? 仔细研究一下, 知道因为"是"字有"属于"或"全同"两个意义。譬如说"猫是四足的动物", 就是"猫属于四足动物的一类"的意思。在这种情况下, 逆命题和否命题就不能跟着原命题成立，因为猫不过是许多四足动物中的一种，四足动物也许是狗，也许是牛，所以不能说一定就是猫。但若说"中国是世界上人口最多的国家"，意思是"世界上所有的国家唯有中国是人口最多的"；"中国"和"世界上人口最多的国家"虽是两个名词，但所指的对象却是全同的，所以它的逆命题和否命题就能跟着成立。照这样看来，知道命题的假设和终结如果都是独一无二的事物，那么逆命题就能跟着原命题正确，因而其他的两种变化也正确，都可以不必证明，这叫作同一法则。

如几何定理"三角形两边中点的连线，同底边互相平行"，因三角形两边中点的连线独一无二，过一边中点而平行于底边的直线也独一无二，所以它的逆命题"从三角形一边中点作底边的平行线，必过另一边的中点"也是正确的。

证题前有什么准备

很多初学几何的人，对于定义、公理和定理虽能勉强记得，但证明习题时却感无从下手。往往看到了一个题目就想证，接着是毫无头绪地乱想一阵，容易的题目还能侥幸想得出来，比较难一些的就束手无策了。原因虽然很多，但最基本的是忽略了证题前应有的准备工作。

证题前的准备工作，不外下列的三种：

（1）把习题仔细读一遍，先要明白其中所有名词的定义，使题意可以完全了解。

（2）辨别题中的哪一部分是假设，哪一部分是终结，再依假设中的已知条件画一幅图，图中的线的两端同相交处都用字母注明。

（3）依照题意和图形中所注的字母，写下假设和求证。题中所有的术语，根据定义尽可能译成等式或其他的关系式，使明白而易晓。

　　例如：在证明"在角的平分线上的点，必距两边等远"以前，先做以下的各项准备，

　　（1）明了角的平分线是把角分成相等的两部分的射线——当然还要预先明了角和直线各是怎样的图形；又明了点同直线的距离是从点到直线所作的垂线的长——当然先要明了垂线是怎样的图形。

　　（2）认清这一条定理的假设是已知一角和从这角的平分线上一点到两边的垂线，求证是这两条垂线相等。根据这一个假设，先画角AOB，再作它的平分线OC，在OC上取一点P，从P作OA、OB的垂线PD、PE。

　　（3）依图用关系式写出假设和求证如下：

　　假设：∠AOB是已知角，∠AOC=∠BOC，P是OC上的任意点，PD⊥OA，PE⊥OB。

　　求证：PD=PE。

　　至此，可说对题意已经认识得很清楚，并且又表示得很明白，证题的准备工作已算完成，这才可以着手研究证明的方法。

　　要做好这些准备工作，还有许多必须注意的地方。除辨别题中的假设和终结的方法，前面已经详细讲过外，其他主要是在画图方面。画图应注意的各点如下：

（*A*）普通的几何图形，都不是一笔所能画成的，所以哪一条线应该先画，哪一条线应该后画，必须仔细辨明。还要在图中注明字母，应依题设的次序，不可颠倒乱写。

如"在△*ABC*的两边*AB*、*AC*上各向三角形外作正方形*ABEF*、*ACGH*，又通过*A*作*BC*的垂线，交*BC*、*FH*于*D*、*M*，那么*FM*=*MH*。"在画图时应注意：

先画△*ABC*，再画正方形*ABEF*和*ACGH*，最后过*A*作*BC*的垂线。在标注字母时应注意*E*和*F*不可注错，要依题设*ABEF*的次序，在正方形的四个角顶旋转过去。若把*F*错注在右图中的*E*处，那么*FM*=*MH*就无法证明了。又题中说"交*BC*、*FH*于*D*、*M*"，也应该注意次序，该垂线交*BC*的点是*D*，交*FH*的点是*M*，否则也无法证明。

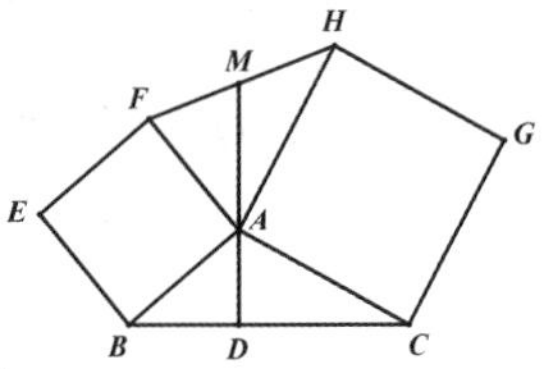

（*B*）所画的图应该谨守题中假设的条件，不可有缺漏。譬如题设有一梯形，不应该画成任意的四边形，否则容易把题中已知的条件忽略过去，使证题得不到解决。也不可把不相干的关系在图中表示出来。初学几何的人，见题中假设有一个角，往往喜欢画成一个特殊的直角。假设有一个三角形，往往是画了一个等边三角形，结果在推理时就会发生误会。

如在（A）的例子里，若把△*ABC*
画成了直角三角形，即如右图，把
∠*BAC*画成了直角，结果就成了一个特

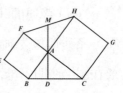

例，会误认作*FAC*和*HAB*各是已知的一直线，写出如下的证
明：

证

叙述	理由
1. ∵ *AF=AB*, *AH=AC*	1. 由假设，正方形的边相等
2. ∠*FAH*=∠*BAC*	2. 对顶角相等
3. ∴ △*AFH*≅△*ABC*	3. *sas=sas*
4. ∠*AFH*=∠*ABC*	4. 全等△的对应角相等
5. 又 ∠*DAC*+∠*ACD*=90°, ∠*ABC*+∠*ACB*=90°	5. 直角三角形的两个锐角互为余角
6. ∴ ∠*DAC*=∠*ABC*	6. 同角的余角相等
7. 但 ∠*DAC*=∠*FAM*	7. 对顶角相等
8. ∴ ∠*AFH*=∠*FAM*	8. 由4.6.7.等于等量的量相等
9. *FM=FA*	9. △*MFA*中，等角必对等边
10. 同理 *MH=MA*	10. 仿4～9可证
11. ∴ *FM=MH*	11. 等于同量的量相等

注 上举证明中所用的定理，假使同学们还没有学到，
对这证明不能完全了解，不妨暂且放到一边，等以后再回过
头来研究。

这样的证明，粗看好像完全合理，其实是文不对题
的。因为在2和7中的两组对顶角，5中的一个直角三角形
ABC，都同原题不相干，就是没有根据的。这个证明只适用

于原题的一个特例, 所以完全错误。至于这一题目的合理的证明, 见第68页的〔范例12〕, 学者可以参阅一下。

(C)画图应力求准确, 以便在推理过程中得到观察的辅助, 从而获得领悟。譬如要证两线段相等, 从准确的图, 往往很容易发现全等三角形, 再由推理可使证题立即解决。假使随便乱画, 非但得不到帮助, 有时还会生出不易发觉的谬误。诸位看了下面的一个有趣的例子, 就可以完全明白。

例如: 证明 "凡三角形都是等腰三角形"。

假设: ABC是一个任意三角形。

求证: $AB=AC$。

证

叙述	理由
1. 作∠A的平分线AO, BC的垂直平分线DO, 两线相交于O, 从O作$OE \perp AC$, $OF \perp AB$, 连OB、OC	1. 角必有一平分线, 线段必有一垂直平分线, 从一点可作一直线的一垂线, 两点间可连一直线。
2. ∵　∠$AFO=AEO$	2. 垂线间的角是直角, 故必相等。
3. 　∠$FAO=EAO$	3. 因AO平分∠A。
4. 　$AO=AO$	4. 恒等。
5. ∴　△$AFO \cong$△AEO	5. $aas=aas$
6. 　$AF=AE$	6. 全等△的对应边相等。

7. 又∵ *OE=OC*	7. 线段的垂直平分线上的点距线段的两端等远
8. *OF=OE*	8. 由5全等△的对应边相等
9. ∠*BFO*=∠*CEO*	9. 同2
10. ∴ △*BFO*≌△*CEO*	10. *ssRt∠=ssRt∠*
11. *FB=EC*	11. 同6
12. ∴ *AB=AC*	12. 由6、11等量加等量,和相等

　　题中既然说是任意三角形,怎么能够断定它是等腰三角形呢? 这一个定理不是非常荒谬吗? 然而上举的证明却又理由十足, 好像丝毫没有毛病, 不是很奇怪吗? 其实你仔细思考一下, 就知道是因为图形的不准确, 才得出了这样荒谬的结论。你假使把这一幅图画得准确一些, 一定会发现从*O*所作*AB*、*AC*的两条垂线的足, 不是全在*AB*和*AC*上, 有一点是在延线上。虽仍得*AF=AE*, *FB=EC*, 但是这两个式子不能相加而得*AB=AC*,于是知上举的证明完全错误。

怎样着手证题

我们要做一道证明题，做好了证题前的一切准备工作后，就可以开始研究证明的方法。证明的方法，绝不像算术那样有一定法则，或像代数那样有固定公式，必须掌握思索问题的方法，逐步去推测、探究。最常规的思索方法，像医生诊断病情一样，必先查明病人的症状，然后去研究造成这样的症状的原因可能是哪几种，再就患病的经过和病人的环境来分析，在这几种可能的原因中最主要的是哪一种。假使已经断定这病症是因饮食不慎而起的，接着就要研究这病是在胃里，还是在肠里，还是在其他的器官里。于是，再去找寻证据，就许多可能的情形分别探究。像这样，从病人的症状出发，去寻求造成这症状的原因和症结的所在，逐步分析研究，直到同呈现的一切现象完全符合为止，这是解决问题的一个很重要的思索方法，通常称作解析法。

在几何证题时所用的方法，最主要的就是解析法。它的步骤同医生探索病源几乎没有什么两样。我们先从终结思考，推测它可以成立的条件，再就这些条件分别研究，看它们的成立又必须具备什么条件，这样逐步逆推，直到所需的条件同已知的事项符合而止。

下面就是一个用解析法证明几何定理的具体例子：

〔范例1〕等腰三角形ABC的底边是BC，延长一腰AB到D，使BD等于其腰，又取AB的中点E，那么CD是CE的二倍。

假设：在$\triangle ABC$中，$AB=AC$，延长AB到D，使$BD=AB$，取AB的中点E，连CD和CE。

求证：$CD=2CE$。

解析 1.要使$CD=2CE$成立，需满足下列两个条件之一：

a. CD的半长等于CE。

b. CE的二倍的长等于CD。

2.假使用1的a使$\frac{1}{2}CD=CE$成立，需平分CD于F，研究是否满足下列两条件之一：

a. $CF=CE$

b. $DF=CE$

3.假使用2的a使$CF=CE$成立，又需满足下列许多条件之一：

a. CF和CE是一对全等三角形的对应边。

b. CF和CE各等于另一线段。

4.假使用3的*a*需连*BF*，使△BCF≌△BCE成立，又需满足下列各条件之一：

a. BF=BE，∠2=∠1，BC=BC（即sas=sas）

b. ∠2=∠1，BC=BC，∠BCF=BCE（即asa=asa）

5.细察4的*a*、*b*……知道只有*a*是同已知的事项符合的。因为BF是△ADC两边中点的连线，必等于$\frac{1}{2}$AB，代入得BF=BE。又因BF必平行于AC，其间的内错角∠2同∠ACB相等，△ABC是等腰三角形，其中的底角∠1同∠ABC相等，于是知∠2=∠1，至于BC=BC是恒等的，故知△BCF≌△BCE可以成立，因而CD=2CE也可以成立。

在上举的解析法里面，若改用1.*b*，2.*b*，3.*b*等，同法推测，都可以同已知的事项相符，而得种种不同的证明。这里暂且不去细讲，留待读者学习到一定程度后自行研究。

假使你的同学给你一大串钥匙，请你到图书室里去取一本关于几何学习指导的书，你对图书室素来是不熟悉的，要想打开室门，一定先要把钥匙逐一试探。试到一把合适的钥匙，把门打开以后，又需寻找哪一个书橱是放数学类的书籍的，再用钥匙逐一试开橱门。开了橱门，再找哪一格放的是几何一类的书，这一格的第几本是几何学习指导书。经过了这一番周折, 才能把你所要的书找到。这样的方法也就是解析法。用此方法来解决一个问题, 虽然非常繁冗, 但符合思考的过程, 对不熟悉这一类问题解决途径的人, 是十分适宜的。假使你对这一问题已经有了相当的认识, 就可以从已知的事项逐步推导, 把问题干净利落地解决。譬如你把那本书归还原处后, 第二次再去取的话, 就可以不费什么周折, 立刻取到手了。像这样的方法, 叫作综合法。

几何证题时, 若从假设入手, 在已知的事理——包括公理和定理中, 选出适当的几条, 从此逐步推到终结的, 就是综合法。前举例题若用综合法写成证明, 应如下面的记述:

证

叙述	理由
1. 平分 CD 于 F, 连接 BF	1. 线段必有一中点, 两点间可连一直线
2. ∵ $AE=BD$, $CF=FD$	2. 假设和1
3. ∴ $BF//AC$	3. △两边中点连线//第三边
4. ∵ ∠1=∠ACB=∠2	4. 等腰△底角等, //线内错角等
5. $BF=\frac{1}{2}4C=\frac{1}{2}4E=BE$	5. △两边中点连线等于第三边之半, 又假设
6. $BC=BC$	6. 恒等
7. ∴ △CBF≌CBE	7. $sas=sas$
8. $CF=CE$	8. 全等△的对应边相等
9. ∴ $CD=2CE$	9. 等量的二倍相等

照上述解题过程来看, 我们知道解析法是从结果逆推到条件, 叙述比较繁冗, 但较易发现有关系的部分, 故便于

思考。综合法是从原因直推结果，叙述非常简明，但在繁多的推导中选得适当而必要的推导，不易成功。所以通常在着手证题时，都是先用解析法去探索证明的方法，然后再用综合法把证明记述下来。

不论解析法和综合法，都是就本定理直接加以证明的，所以总称直接证法。

间接的证题法

你在学习化学的时候，是不是学到了砂里取金的方法？金砂里的金的含量很少，颗粒又很小，要直接把金的细屑从砂里一颗颗地捡出来是办不到的，于是用间接的淘洗法，放在水中，把砂粒淘去，就得金的细屑。取出金屑残留砂粒和淘去砂粒残留金屑，虽然是完全不同的两个方法，但是金屑获得的结果却没有什么两样。可见在用直接方法不易解决问题的时候，用间接方法来解决，结果也是一样的。

我们在前面曾经讲过：每一定理有四种变化，原定理同它的逆否定理必同时成立。根据这一个关系，在原定理无法证明，或不易证明时，可以证明它的逆否定理，若逆否定理成立，那么原定理的成立就无疑了。因为逆否定理的假设是原定理的终结的反面，逆否定理的终结是原定理的假设的反面，所以这一种证法实际就是假定原定理终结的反面为真，去证明它同原定理的假设相背。这方法叫作归谬法。

下面就是用归谬法证明几何定理的例子：

〔范例2〕一直线的垂线和非垂线一定相交。

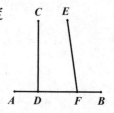

假设：$CD \perp AB$，EF不$\perp AB$。

求证：CD和EF相交。

思考　因为要证两直线相交，没有适当的定理可以依据，所以不能直接证明，只能用归谬法来证。又因原题的假设有两项，它的逆否定理一是"假使$CD \perp AB$（保留原假设的一项），又CD和EF不相交，那么$EF \perp AB$"，所以只要能证这逆否定理成立，原定理就跟着成立。

证

叙述	理由
1. 假定CD和EF不相交	1. 两直线非相交，即不相交
2. 那么　$CD /\!/ EF$	2. 任何延长不相交的两直线是平行线
3. 于是　$\angle CDB = \angle EFB$	3. $/\!/$线间的同位角相等
4. 但　$\angle CDB = 90°$	4. $\because CD \perp AB$，夹角是90°
5. $\therefore$　$\angle EFB = 90°$	5. 以3代入4
6. 即　$EF \perp AB$，这是同假设矛盾的	6. 夹90°角的两线垂直
7. $\therefore$　CD和EF相交	7. 因假设恒真，既与假设矛盾，1的假设必不成立

有时原定理终结的反面不止一种情形，我们应该证各种相反情形都不成立，那么原定理的终结不得不成立了。这

样的归谬法特称穷举法。我们看下例自明:

〔范例3〕直角三角形斜边上的中线,等于斜边的一半。

假设: 在△ABC中, $\angle C=90°$,

$DA=DB$。

求证: $DC=DA$。

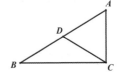

思考　本题的直接证法,留待将来研究,现在用间接的方法来试证一下。因为原题的逆否定理,是"假设在△ABC中, $DA=DB$(保留原假设的一项),又$DC\neq DA$,那么$\angle C\neq 90°$",又$DC\neq DA$可分为$DC>DA$和$DC<DA$两种情形,所以可用穷举法分别证明。

证

叙述	理由
1. 假定　$DC>DA$	1. 若$DC\neq DA$,可能$DC>DA$
2. 那么　$DC>DB$	2. 以假设$DA=DB$代入
3. 于是　$\angle A>\angle ACD$, 　　　　$\angle B>\angle BCD$	3. △的大边对大角
4. ∴　$\angle A+\angle B>\angle C$	4. 诸大量的和>诸小量的和
5. 但　$\angle A+\angle B=180°-\angle C$	5. △三内角和是180°,移项
6. ∴　$180°-\angle C>\angle C$	6. 代入
7. 即　$2\angle C<180°$, $\angle C$ 　　$<90°$,这是同假设矛盾的	7. 移项,又不等量的一半,大者 　　仍大
8. 再假定　$DC<DA$	8. 若$DC\neq DA$,可能$DC<DA$
9. 同理,得$\angle C>90°$,这也是同 　　假设矛盾的	9. 仿2～7可证

| 10.　∴　　$DC=DA.$ | 10. DC、DA的关系仅有$DC>=<DA$三种, 既然$DC><DA$都同假设矛盾, 那么一定$DC=DA$。 |

我们在前面又曾讲过: 若原定理的假设和终结都是独一无二的事物, 那么原定理和它的逆定理也能同时成立。在这情形之下, 不证原定理而间接证它的逆定理, 结果也是一样。因为逆定理是把原定理的假设同终结逆转而成的, 所以利用这一种证法来证一图形有某一特性时, 可先另外作一有这特性的图形, 去证所作的图形同题设的图形是同一图形。换句话说: 就是原定理是"某图形有某特性", 而某图形同某特性都是独一无二的, 我们可以证它的逆定理"有某特性的是某图形"。这方法叫作同一法。举例如下:

〔范例4〕若梯形两底的和等于一腰, 则这腰同两底所夹的两角的平分线必过对腰的中点。

假设: 在梯形$ABCD$中, $AD/\!/BC$, $AD+BC=AB$, CD的中点是F。

求证: $\angle A$、$\angle B$的角平分线都过F。

思考　要证一线过另一线的中点是比较难的, 若证一线平分一角就比较容易, 所以本题不妨用间接的证法来试一下。因为原题的逆定理是"假使在梯形$ABCD$中, $AD/\!/BC$,

$AD+BC=AB$，CD的中点是F（以上是把原假设保留的），连AF和BF，那么AF平分$\angle A$，BF平分$\angle B$（以上是把原题的假设同终结逆转）"。又角（A或B）的平分线是独一无二的，两点（A同F，或B同F）间的直线也独一无二，所以我们只需证这逆定理成立，原定理自然会跟着成立。

证

叙述	理由
1. 若不作$\angle A$、$\angle B$的平分线，另作两点间的连线AF和BF，又延长AF和BC，相交于G	1. 两点间可连一直线，直线可任意延长，又过A只能作BC的一条平行线，假设$AD/\!/BC$，故AF不平行BC，即与BC相交
2. $\because$　$AD/\!/BG$	2. 由假设，平行线的延线也平行
3. $\therefore$　$\angle 1=\angle G$，$\angle D=\angle FCG$	3. $/\!/$线的内错角相等
4. 又　$DF=FC$	4. 假设
5. $\therefore$　$\triangle ADF\cong\triangle GCF$	5. $aas=aas$
6. 　$AD=CG$	6. 全等△的对应边相等
7. $\therefore$　$BG=AB$	7. 以6代入假设的等式
8. $\therefore$　$\angle 2=\angle G$	8. 等腰△底角相等
9. 但　$\angle 1=\angle G$	9. 见3
10. $\therefore$　$\angle 1=\angle 2$	10. 等于同量的量相等
11. 即　AF是$\angle A$的平分线	11. 平分线的定义
12. 同理，BF是$\angle B$的平分线	12. 仿上法可证
13. $\therefore$　$\angle A$、$\angle B$的平分线都过F	13. 由11、12两点间的连线和角的平分线都独一无二

　　上述的归谬法、穷举法和同一法，都不证原定理，而间接证它的逆否定理或逆定理，所以总称间接证法或反证法。

证题时的注意点

同学们学不好几何的一般原因，除没有搞好证题前的准备工作外，又忽略了证题时应注意的各点。假使在开始时犯了种种错误，不去及早纠正，过一阶段后就不可收拾，结果往往毫无成绩，甚至全部放弃。关于证题前的准备工作，前面已经谈过，至于证题时应注意的各点，最主要的是下列的几种：

（1）几何学是用严密的理论演绎的科学，从某种原因，产生某种一定的结果，丝毫不能含糊。在证明中的每一叙述，必须根据确切的理由，绝对不能苟且。初学的人应遵守一定的格式，把全部证明分左右两半，左半是叙述，右半是理由，像前节所举的几个范例一样。这样一来，不但可避免推理的错误，还可使已学的公理和定理经多次默写而加深记忆。

（2）证明中所根据的理由，只限于下列的四种已知事项：

　　a. 题中的假设。

　　b. 已经叙述过的定义。

　　c. 已经叙述过的公理。

　　d. 已经证明过的定理。

　　假使误用了题设所没有的关系，就会犯下像"证题前有什么准备"中（*B*）的例子的错误。书中没有叙述或证明过的事理，还不能认为它成立，不能用作根据。至于有些同学喜欢引用自己杜撰而根本不成立的理由，那是最不应该的。

　　（3）在证题时常需添辅助线，以做证明的帮助。辅助线的添作，应在证明的开始时就记述下来。至于应做怎样的辅助线，才能对证明有所帮助，以及要注意些什么，会在后面另行讨论。

　　（3）有时证明了某一种关系后，若另有一种关系能用同法证明时，可以把叙述省去，只记结果，在理由下注"仿上法可证"几个字。譬如在前举的范例4中，要证*BF*平分∠*B*，只需仿1到11的证法，延长*BF*和*AD*交于*H*，就可以证明，所以可把冗长的叙述省去。

　　（5）为易于认清图中的关系，通常宜用同式的记号标明相等线或相等角。譬如在前举范例1的图中，从所标的记号, 极易认明两三角形中有两边及一夹角彼此相等, 立即可以确定它们是全等形。

（6）在叙述中应尽可能用式子代表文字, 这样可以一目了然。叙述应求简约, 不宜过于冗长, 但又不能缺漏。譬如在前举范例1的综合法证明中, 为便利计, 2的叙述中可速举两式。又5原应先有 $BF=\frac{1}{2}AC$, $BE=\frac{1}{2}AB$, 再由 $AC=AC$ 得 $\frac{1}{2}AC=\frac{1}{2}AB$, 最后决定 $BF=BE$。但这样的叙述太过繁冗, 为求简约, 可省去"等量的半长相等"和"等于等量的量相等"两条理由, 再由代入法逐步用等量替代。其中4的一个叙述, 也是省去"等于同量的量相等"的理由, 把"因 $\angle 1=\angle ACB$, $\angle 2=\angle ACB$, 故 $\angle 1=\angle 2$"三式简约而成一式。

其他证题时的注意事项还有很多, 将来在例题中随时提出, 学者若能细加留心, 自会避免错误, 得到显著的进步。

怎样作有用的辅助线

　　几何定理的证明, 除少数简易的以外, 不添作有用的辅助线就无从着手。辅助线的作法, 千变万化, 没有一定的方法可以遵循, 是证题时最感困难的一件事。普通几何书中, 因为无从说起, 所以宁可不说也不肯乱说, 于是更使学习者感觉头痛。这里为了方便初学者, 不得不叙述一些大要, 但是难免挂一漏万, 只好等到下一部分里面再随时提示, 以做补救。

　　开始先要讲的是作辅助线的目的　大概说来, 添辅助线的目的, 最主要的是下列六种:

　　（1）把已知关系的图同要证它们有关系的图聚集一处, 使相互间发生联系。

　　〔范例5〕两线段平行而且相等, 那么它们在第三直线上的射影必相等。

　　假设: $AB /\!\!/ CD$, AE、BF、CG、DH 都是 MN 的垂线。

求证：*EF=GH*。

思考　已知相等的两线*AB*和*CD*，同求证相等的两线*EF*和*GH*没有联系，但由假设及定理"垂直于同一直线的线必平行"，知道*AE*、*BF*、*CG*、*DH*是平行线，所以可作*EK∥AB*, *GL∥CD*，造成两个平行四边形，"由▱对边相等"，得*EK=AB*, *GL=CD*，这样无疑是把*AB*和*CD*移到*EK*和*GL*的位置，使与欲证的两线*EF*和*GH*成为△*EFK*和△*GHL*的两组对应边，要证*EF=GH*，只要证△*EFK*≌△*GHL*就得。

证

叙述	理由
1. 作 *EK∥AB*, *GL∥CD*	1. 从一点可作一直线的∥线
2. ∵ *AE∥BF*, *CG∥DH*	2. ⊥同一线的两线必∥
3. ∴ *AEKB*、*CGLD*都是▱	3. 两组对边各∥的是▱
4. *EK=AB=CD=GL*	4. ▱对边相等，又假设
5. 又 *EK∥GL*	5. 由假设及1，∥线的∥线必∥
6. ∴ ∠*KEF*=∠*LGH*	6. ∥线的同位角相等
7. 又 ∠*EFK*=∠*GHL*	7. 由假设，垂直间的直角相等
8. ∴ △*EFK*≌△*GHL*	8. *saa=saa*
9. *EF=GH*	9. 全等△的对应边相等

注意　学者试从*A*和*C*各作*MN*的平行线，看能否使已知的等线和欲证的等线同样发生联系。

（2）造第三线或第三角，作为中间量，使欲证的两线或两角发生关系。

〔范例6〕假设：∠*A*+∠*E*+∠*C*=360°。

求证：*AB∥CD*。

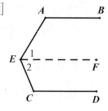

思考　从 E 作 $EF/\!/AB$，若能证得 $EF/\!/CD$，就得 $AB/\!/CD$。

证

叙述	理由
1. 从 E 作 $EF/\!/AB$	1. 从一点可作一直线的 $/\!/$ 线
2. 则 $\angle A+\angle 1=180°$	2. $/\!/$ 线的同旁内角相补
3. 但 $\angle A+\angle E+\angle C=360°$	3. 假设
4. $\therefore \angle C+\angle 2=180°$	4. 等量减等量，差相等
5. $EF/\!/CD$	5. 同旁内角相补的，两线 $/\!/$
6. $\therefore AB/\!/CD$	6. $/\!/$ 同一线的两线 $/\!/$

注意　学者试从 E 向左方作 AB 的平行线，看是否也能用来证明得到 $AB/\!/CD$ 的关系。

（3）造出题中所有的和、差、二倍量或半分量，以达到证题的目的。譬如前举的范例1就是作出一线段的半长量，范例4就是作出两线段的和，又如下举的范例7是作出一线段的二倍长。

〔范例7〕三角形的垂心同一角顶的距离，等于外心同这角的对边距离的二倍。

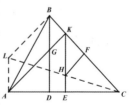

假设：在 $\triangle ABC$ 中，高 AK、BD 交于 G，边的垂直平分线 HE、HF 交于 H。

求证：$BG=2HE$，$AG=2HF$。

思考　要证 $BG=2HE$，可设法另作一线等于 $2HE$，但若延长 HE，成为原长的二倍，则不能同 BG 发生联系，故宜另想办法。若假设E是AC的中点，试连CH，延长到L，使$HL=CH$，那么H是CL的中点，HE就成为△CAL两边中点的连线，从"△两边中点的连线等于第三边的一半"，就得$LA=2HE$。分析LA同BG两线，知道可以证明它们是▱的对边，于是本题就完全解决了。

证

叙述	理由
1. 连CH，延长到L，使$HL=CH$，又连LA、LB	1. 两点间可连一直线，直线可任意延长
2. 则　$LA//HE$	2. △两边中点连线//第三边
3. 但　$BD//HE$	3. ⊥同一线的两线//
4. ∴　$LA//BD$	4. //同一线的两线//
5. 同理$LB//AK$	5. 仿2～4
6. ∴　$LAGB$是▱	6. 两组对边各平行的是▱
7. ∴　$BG=LA$	7. ▱对边相等
8. 但　$LA=2HE$	8. △两边中点连线=$\frac{1}{2}$第三边
9. ∴　$BG=2HE$	9. 代入
10. 同理$AG=2HF$	10. 仿7～9

注意　学者试连CG，取中点M，得BG的半长量FM，看能不能证明。

（4）作出新的等量，辅助题设的等量，从而得到欲证的等量。

〔范例8〕与范例3同。

假设：在△ABC中，∠$C=90°$，$DA=DB$。

求证：$DC=DA$。

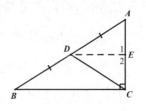

思考　题设的等量仅有 $DA=DB$ 一对, 因此不能证得 $DC=DA$。试取 AC 的中点 E, 连 DE, 就得一对新的等量 $AE=EC$, 又由"△两边中点的连线 // 第三边""// 线间的同位角相等"和"直角的补角也是直角", 得 $DE//BC$, $\angle 1=\angle C=90°=\angle 2$, 也是一对新的等量, 从此可证 $\triangle ADE \cong \triangle CDE$, 求证的等量就可以成立。

证

叙述	理由
1. 取 AC 的中点 E, 连直线 DE	1. 线段有一中点, 两点可连一直线
2. ∵　　$DE//BC$	2. △两边中点连线 // 第三边
3. ∴　$\angle 1=\angle C=90°$	3. // 线的同位角等, 又假设
4. 又　$\angle 2=90°$	4. 直角的补角也是直角
5. ∴　$\angle 1=\angle 2$	5. 凡直角都相等
6. 又　$AE=EC$	6. 由 1
7. 　　$DE=DE$	7. 恒等
8. ∴　$\triangle ADE \cong \triangle CDE$	8. sas=sas
9. $DC=DA$	9. 全等△的对应边相等

（5）作出新的图形, 使之能应用某一特殊定理。

〔范例9〕从三角形的三顶点向三角形外一直线所引三垂线的和, 必等于重心向该直线所引垂线的三倍。

假设: 在 $\triangle ABC$ 中, 三中线 AD、BE、CF 相交于 O, 从 A、B、C、O 各向三角形外一直线 XY 作垂线 AG、BH、CK、OL。

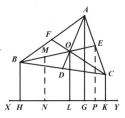

求证: $AG+BH+CK=3OL$。

思考　本题若要根据(3)作出一线等于三线的和或一线的三倍,无法达到目的,故应另想方法,由"⊥同一线的各线∥",知道求证的等式中的四线都平行;又由"△的重心同顶点的距离是过这顶点的中线的 $\frac{2}{3}$ ",知道 $BO=2OE$ 。于是可取 BO 的中点 M, 作 $MN⊥XY$、 $EP⊥XY$, 作出梯形 $MNPE$、 $BHLO$、 $AGKC$, 各以 OL、 MN、 EP 做中线,这样一来,就能应用"梯形的中线等于两底和的一半"的定理,证得所需的等式。

证

叙述	理由
1.　取 BO 的中点 M, 作 $MN⊥XY$, $EP⊥XY$	1.　线段有一中点,从一点可作一线的垂线
2.　∵　$BH∥MN∥OL∥$ $AG∥EP∥CK$	2.　⊥同一线的线∥
3.　　$BM=MO=OE$, $AE=EC$	3.　△的重心定理,又假设
4.　∴　$HN=NL=LP$ $GP=PK$	4.　∥线截一线成比例,则截任何线成比例
5.　∴　$MN+EP=2OL$	5.　梯形的中线定理
6.　　$2MN+2EP=4OL$	6.　等量的二倍相等
7.　但　$2MN=BH+OL$, $2EP=AG+CK$	7.　同5
8.　∴　$AG+BH+CK+OL=4OL$	8.　以7带入6
9.　∴　$AG+BH+CK=3OL$	9.　移项,化简

(6)改造图形,变原题成比较易证的题。

〔范例10〕若三角形的两边不等,则大边同这边上的高的和,必大于小边同这边上的高的和。

假设:在 $△ABC$ 中, $AB>AC$, BD、CE 是高。

求证: $AB+CE>AC+BD$。

思考　若在图中作出一线等于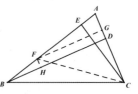
$AB+CE$, 另一线等于$AC+BD$, 结果无

法可证。于是变更原题的终结, 移项

得$AC-AC>BD-CE$, 在大边AB上取AF, 使等于小边AC,

造成一线$BF=AB-AC$, 同时作$FG\perp AC$、$FH\perp BD$, 造成一线

$BH=BD-HD=BD-FG=BD-CE$。变原题为求证$BF>BH$的

简易的题。

证

叙述	理由
1. 在AB上取$AF=AC$, 连FC, 作 $FG\perp AC$, $FH\perp BD$	1. 在大线段上可取一部分等于 小线段, 两点间可连一直线, 从一点可作一线的垂线
2. $\because FG/\!/BD$, $FH/\!/AC$	2. $\perp$同一线的两线$/\!/$
3. $\therefore FHDG$是$\square$	3. 两组对边各$/\!/$是$\square$
4. $FG=HD$	4. $\square$对边相等
5. 但 $FG=CE$	5. 等腰$\triangle$两腰上的高相等
6. $\therefore HD=CE$	6. 等于同量的量相等
7. $BH=BD-HD=BD-CE$	7. 全量减去一部分得另一部 分, 代入
8. 又$BF=AB-AF=AB-AC$	8. 同上
9. 但因 $\angle FHB=90°$	9. 由1垂线夹直角
10. $\therefore BF>BH$	10. $Rt\triangle$的斜边最长
11. 即 $AB-AC>BD-CE$	11. 以7、8代入10
12. $\therefore AB+CE>AC+BD$	12. 移项

注意　学者试在AB上取K, 使$BA=AC$, 从K作$KD\perp AC$、

$KM\perp BD$, 看是否可证, 又在CA延线上取N, 使$CN=AB$; 或在

AC延线上取P, 使$AP=AB$, 看是否可证。

其次要讲的是：

辅助线的种类　通常是下列的十种：

（1）延长一已知直线至任何长，或等于已知长，或与其他的线相交。如前举的范例4和7。

（2）连接两已知点或定点（包含定直线的中点，在定直线上与一端的距离是定长的点）。如前举的范例1、7、8和10。

（3）从已知点作已知线或欲证的线的平行线。如前举的范例5和6。

（4）从已知点作已知线或欲证的线的垂线。如前举的范例9和10。

（5）作某角的平分线。例如下举范例11的证法一。

（6）过一点作一直线，使与已知线所成的角等于已知角。如下举范例11的证法二。

〔范例11〕等腰三角形腰上的高与底边所夹的角，等于顶角的一半。

假设：在△ABC中，$AB=AC$，$CD\perp AB$。

求证：$\angle DCB=\frac{1}{2}\angle A$。

证法一

叙述	理由
1. 作　AE平分$\angle A$	1. 一角必有一平分线
2. 则　$AE\perp BC$	2. 等腰△顶角平分线⊥底边
3. 　　$\angle 3=\angle 4$	3. 垂线间的直角相等

4. 又　∠B=∠B

5. ∴　∠1=∠2

6. 但　∠2=$\frac{1}{2}$∠A

7. ∴　∠1=$\frac{1}{2}$∠A

4. 恒等

5. 两△两组角相等,第三角也等

6. 由1

7. 代入

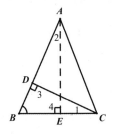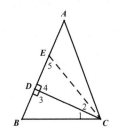

证法二

叙述	理由
1. 从C作直线CE, 使∠2=∠1	1. 从一点可作一线与已知线成角 等于已知角
2. ∵　∠3=∠4, CD=CD	2. 直角相等, 又恒等
3. ∴　△BCD≅△ECD	3. asa.=asa
4. 　　∠5=∠B	4. 全等△的对应角相等
5. 又　∠B=∠C	5. 等腰△的底角相等
6. ∴　∠BCE=∠A	6. 在△ABC、BCE中,两组角相 等,第三角也等
7. 即　2∠1=∠A	7. 以1代入6
8. ∴　∠1=$\frac{1}{2}$∠A	8. 等量的半分相等

(7)从已知点作已知圆的切线。

(8)题设有两圆相交的,可作公共弦。

(9)题设有两圆相切的,可作公切线或中心线。

(10)有四点可以共圆(即在一圆周上)的,过这四点作辅助圆。

以上四种的例题，都见后面内容。

最后再谈一谈作辅助线时应注意的各点，有如下的三种：

（1）有用的辅助线应该是有目的的，若随便乱作，非但对证题没有帮助，还会使图形像一团乱线，由于视觉受到阻碍，思想就不易纳入正轨，初学的人应特别注意。

（2）添辅助线需依照基本作图法，没有基本作图法的线绝对不能作。譬如在范例8中，依据的作图法是"求一已知线段的中点"和"以直线连两定点"，都是有合理的依据的。若不说"取AC的中点E，连直线DE"，换作

　　$a.$ 作AC的垂直平分线DE。

　　$b.$ 从D作DE∥BC，使$AE=EC$。

　　$c.$ 从D作$DE \perp AC$，使$AE=EC$。

都是不合理的。在a，所作AC的垂直平分线不能确定它是否过D。在b、c，所作过D而平行于BC的线，或过D而垂直于AC的线，都不能确定它是否把AC平分。因此都同作图法不符。

（3）有时所添的辅助线虽是同一条，但因目的不同，证明就跟着两样。譬如在范例8的1，若换作"从D作DE∥BC"，就要用定理"过三角形一边的中点而平行于另一边的线，必平分第三边"，证明$AE=EC$。又若换作"从D

作$DE \perp AC$",就要用定理"同位角相等的,两线必平行",证明$DE /\!/ BC$,再用上法证明$AE=EC$。

二　证题法分论

怎样证两线相等

我们在学习几何学的时候，若是单把公理和定理记得很熟，而不会运用，那么好比有了许多原料，但不会利用它们去制成各种有用的东西，这些原料也就和废物没有什么两样。

要能够运用公理和定理，必须研究各种证题法。这里所说的各种证题法，是就证明题的终结的种类来区分的，同以前所讲的——直接证法和间接证法，以证明的步骤来区分的不同。我们依照终结的性质，把证明题分成若干类——如证两线相等、两角相等、两线平行、三点共线等，分别研究它们的证明方法和必须应用的定理，加以归纳和整理。以后遇到同类的题目，就是在这些常用的方法或定理里面，选取最合适的来应用。所以研究证题法是练习运用定理的好机会，对几何学的学习是有极大帮助的。

求证两线段相等的题目是有很多的，现在先来把这一类的证题法讨论讨论。证这类题目所适用的定理很多, 诸位在教科书里面都会学到, 这里不去一一记叙。这样的定理虽多, 但在证题时最常用的, 不外下列的几种:

(1) 利用全等三角形 除前举的范例5和8外, 现在再举一个较难的例子:

〔范例12〕假设: 在△ABC的AB、AC两边上向三角形外各作正方形$ABEF$、$ACGH$, 又作$AD \perp BC$, DA的延线交FH于M。

求证: $FM=MH$。

思考 题中有许多已知的直角, 又有各正方形的边分别相等, 但因∠2、∠3都是∠1的余角, 故∠2=∠3……这许多等量, 我们必须设法利用。若作$FK \perp DM$, 则得△$AFK \cong$△BAD, $FK=AD$。同法作$HL \perp DM$, 可得$HL=AD$。于是可以再证△$FMK \cong$△HML, 本题就解决了。

证

叙述	理由
1. 作$FK \perp DM$, $HL \perp DM$	1. 从一点可作一线的垂线
2. ∠2+∠1=90°	2. 因外边一直线的三邻角和是180°, 其中一角是90°
3. ∠3+∠1=90°	3. Rt△两锐角相余
4. ∴ ∠2=∠3	4. 同角的余角相等
5. 又∵∠FKA=∠ADB	5. 直角相等
6. $FA=AB$	6. 正方形的边相等
7. ∴ △$AFK \cong$△BAD	7. $aas=aas$

叙述	理由
8. $FK=AD$	8. 全等△的对应边相等
9. 同理 $HL=AD$	9. 仿2～8
10. ∴ $FK=HL$	10. 等于同量的量相等
11. 又 $\angle FKM=\angle HLM$	11. 同5
12. $\angle 4=\angle 5$	12. 对顶角相等
13. ∴ $\triangle FMK\cong\triangle HML$	13. 同7
14. $FM=MH$	14. 同8

（2）用第三线介绍　在上举范例12中，从8、9得10就是这一个方法。下面再举一例：

〔范例13〕圆的内接四边形的两对角线互相垂直，过对角线的交点而垂直于一边的直线，必平分其对边（本题称 *Brahma-Gupta* 定理）。

假设：在圆的内接四边形 $ABCD$ 中，$AC\perp BD$，过交点 E 作 $GF\perp CD$。

求证：$AG=GB$。

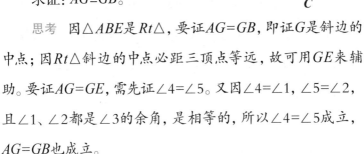

思考　因 $\triangle ABE$ 是 $Rt\triangle$，要证 $AG=GB$，即证 G 是斜边的中点；因 $Rt\triangle$ 斜边的中点必距三顶点等远，故可用 GE 来辅助。要证 $AG=GE$，需先证 $\angle 4=\angle 5$。又因 $\angle 4=\angle 1$，$\angle 5=\angle 2$，且 $\angle 1$、$\angle 2$ 都是 $\angle 3$ 的余角，是相等的，所以 $\angle 4=\angle 5$ 成立，$AG=GB$ 也成立。

证

叙述	理由
1. ∵ $\angle 1+\angle 3=90°$， 　　$\angle 2+\angle 3=90°$	1. $Rt\triangle$ 两锐角相余

2. ∴ ∠1=∠2	2. 同角的余角相等
3. 但 ∠1=∠4, ∠2=∠5	3. 对顶角, 同弧所对的圆周角
4. ∴ ∠4=∠5	4. 代入
5. AG=GE	5. △两角相等, 对边也等
6. 同理 GB=GE	6. 仿1~5
7. ∴ AG=GB	7. 等于同量的量相等

（3）利用等腰三角形　在上举范例中的5就是利用"等腰三角形底角相等"的逆定理证得的。有时也可利用"等腰△顶角平分线（或底边上的高）必平分底边"，证两线相等。参阅下列：

〔范例14〕假设：从圆的中心 O到圆外的直线XY作垂线OA，从 A作割线，截圆于B、C，过B、C的 两切线交XY于D、E。

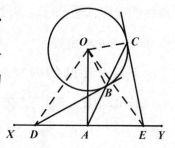

求证：DA=AE。

思考　已知OA⊥DE，若OD=OE，则DA=AE。要证 OD=OE，由已知切线，知道可利用切线与半径间的直角 ∠OBD=∠OCE，又半径OB=OC，用全等三角形证。那么在 △OBD、OCE中，除上举的两组等量外，有没有第三组等量 呢？这是本题证明的关键，也是最难证的。经过仔细检查， 发现O、D、A、B四点可以共圆，O、C、E、A四点也是一样， 故得∠ODB=∠OAB=∠OEC，于是本题迎刃而解（关于四点 共圆的证法，可参阅第127页"怎样证点的共圆"）。

证

叙述	理由
1. 连直线OD、OE、OB、OC	1. 两点间可连一直线。
2. $\because$ $\angle OBD=\angle OCE=90°$	2. 切线$\perp$过切点的半径。
3. $\angle OAD=\angle OAE=90°$	3. 垂线间的直角相等。
4. $\therefore$ O、D、A、B四点共圆， O、C、E、A四点共圆	4. 两个$Rt\triangle$的斜边公共，则四顶点都在以斜边为直径的圆上。
5. $\therefore$ $\angle ODB=\angle OAB=\angle OEC$	5. 同弧所对的圆周角相等。
6. 又 $OB=OC$	6. 同圆的半径相等。
7. $\therefore$ $\triangle OBD\cong\triangle OCE$	7. 由2、5、6，$aas=aas$
8. $OD=OE$	8. 全等$\triangle$的对应边相等。
9. $\therefore$ $DA=AE$	9. 等腰$\triangle$底上的高平分底。

注意 根据四点共圆的定理，作辅助圆，从而产生新的等角，是很重要的方法。

（4）利用平行四边形 除利用"□的对边相等"，如范例5、7和10里面都已见过外，又有利用"□两对角线互相平分"来证两线相等的。参阅下面范例15的证法一。

（5）利用△一边的//线平分另一边 参阅范例15证法二。

〔范例15〕假设：在△ABC中，$AB=AC$，在AB上取D点，AC的延线上取E点，使$BD=CE$，连DE，交BC于F。

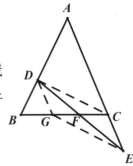

求证：$DF=FE$。

思考一 作$DG//AE$，若能证得$DGEC$是□，则DE和

GC 必互相平分于 F，本题就可解决。要证 $DGEC$ 是 □，已知 $DG /\!/ CE$，只须 $DG = CE$ 就得。又因题设 $DB = CE$，故能证 $DG = DB$ 就得。要证 $DG = DB$，应先证 $\angle DGB = \angle B$。但易知 $\angle DGB = \angle ACB$，$\angle B = \angle ACB$，于是目的达到。

证法一

叙述	理由
1. 作 $DG /\!/ AE$，连 DC、GE	1. 作 // 线及连两点的作图法
2. 则　$\angle DGB = \angle ACB$	2. // 线的同位角相等
3. 　　$\angle B = \angle ACB$	3. 等腰 △ 底角相等
4. ∴　$\angle DGB = \angle B$	4. 等于同量的量相等
5. 　　$DG = DB$	5. △ 等角对等边
6. 但　$CE = DB$	6. 假设
7. ∴　$DG = CE$	7. 同 4
8. 又　$DG /\!/ CE$	8. 由 1
9. ∴　$DGEC$ 是 □	9. 一组对边 // 的是 □
10. ∴　$DF = FE$	10. □ 对角线互相平分

思考二　作 $DG /\!/ BC$，若能证得 $GC = CE$，则 $DF = FE$。要证 $GC = CE$，固已知 $BD = CE$，故需先证 $GC = DB$。已知 $AC = AB$，GC 同 DB 各是 AC 同 AB 的部分，故需先证 $AG = AD$。要证 $AG = AD$，又需先证 $\angle 1 = \angle 3$。

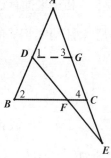

证法二

叙述	理由
1. 作 $DG /\!/ BC$	1. 作 // 线的基本作图法
2. ∵　$\angle 1 = \angle 2 = \angle 4 = \angle 3$	2. // 线的同位角, 等腰 △ 的底角
3. ∴　$AG = AD$	3. △ 等角对等边
4. 但　$AC = AB$	4. 假设
5. ∴　$GC = DB$	5. 等量减等量, 差相等

6. 但　　$CE=DB$	6. 假设
7. $\therefore$　　$GC=CE$	7. 等于同量的量相等
8. $\therefore$　　$DF=FE$	8. △一边的//线平分另一边, 则必平分第三边

（6）利用已知的等线化成　由"等线的同位或同分相等"或"等线的和或差相等", 化得求证的等式, 在前举的范例中见得很多, 这里不再举例。

（7）利用圆中的等量　由"等弦距圆心等远"或"等弧、等中心角或等圆四角必对等弦"等定理, 也可以证等线。这些都很简单, 这里也不去一一举例了。

最后, 再举几个重要的习题, 这些习题都是历年的中学入学试题中所常见的, 同学们不妨应用上述的证题法做一下。

研究题一

（1）E和F是□$ABCD$的一组对边BC和AD的中点，则BF、DE分AC成三等份。

（2）直径AB和弦AC夹30°的角，过C的切线交AB的延长线于D，则$AC=DC$。

（3）BC切⊙O于B，ODC垂直于半径OA，交弦AB于D，则$BC=CD$。

（4）试利用全等三角形证范例15。

（5）以直角三角形的一条直角边

（3）

为直径作圆，交斜边于一点，则过这点的切线必平分另一直角边。

（6）在△ABC的两边AB、AC上向外各作等边△ABD、ACE，再以AD、AE为两边作□$ADFE$，则△FBC也是等边三角形。

（7）BD、CE是△ABC的两个高，从BC的中点F作DE的垂线FG，则$DG=GE$。

（8）△ABC的两个高AD、BE交于H，外接圆的直径是AF，若HF交BC于G，则$HG=GF$。

提示　延长 AD，交外接圆于 K，先利用全等三角形证 $HD=DK$。

（9）圆的内接四边形的两对角线互相垂直，则从对角线交点到一边中点的线，等于从圆心到对边的距离。

提示　在范例13的圆中，从圆心 O 引 $OH\perp CD$，试证 $OHEG$ 是▱。

怎样证两角相等

　　证两角相等的方法, 在前举各范例中见得很多, 同学们应该都熟悉了。现在把它们归纳一下, 最主要的是下列的几种:

　　(1) 利用相交线或平行线　证这两角是对顶角、平行线间的内错角或同位角, 或证这两角的两组边分别同向 (或反向) 平行。

　　(2) 利用圆的定理　证这两角是同弧所对的圆周角、圆的内接四边形的外角同内对角, 弦切角或夹同弧的圆周角 (切线同过切点的弦所夹的角简称弦切角)。

　　(3) 利用全等三角形　证这两角是全等三角形的对应角。

　　(4) 利用等腰三角形　证这两角是等腰三角形的底角。

　　(5) 利用平行四边形　证这两角是平行四边形的对

角。

（6）利用相似三角形　证这两角是两个有两组等角的三角形的第三角。

（7）用别的角介绍　证这两角是等角的补角或余角，或证这两角等于同一角，或分别等于两个相等角。

（8）利用已知的等角化成　证这两角是等角的和、差、二倍或一半。

一般在证两角相等时，总是先试用上举各法的开首六种，假使没有效果，再分别试用以下的几种。下面举几个较难的例子，同学们应注意思索的过程，否则虽然知道了证题法，但不能适当地选用，结果还是徒劳。

〔范例16〕直角三角形斜边上的中线同高所成的角，被直角的平分线所平分。

假设：在 $\triangle ABC$ 中，$\angle A=90°$，$AE \perp BC$，$BD=DC$，$\angle BAF=\angle CAF$。

求证：$\angle 1=\angle 2$。

思考　$\angle 1$ 和 $\angle 2$ 不是对顶角或 // 线间的角，也不能做全等三角形、等腰三角形或有两组等角的两三角形内的角，所以不能应用（1）到（6）的各法来证明。又 $\angle 2$ 虽是 $\angle AFE$ 的余角，但 $\angle 1$ 同 $\angle AFE$ 不易产生联系，又同 $\angle 1$ 或 $\angle 2$ 相等的角也难发现，所以第(7)法也不能适用。但由假设∠BAF=∠CAF，知道若能证得∠3=∠4，则由等量减等量，就可证得∠1=∠2。要证∠3=∠4，仔细观察一下，原来是很容易的。因△DAB是等腰三角形，故∠3=∠B；又∠B同∠4都是∠C的余角，故∠4=∠B，于是目的就达到了。

证

叙述	理由
1. ∵ ∠B+∠C=90°， ∠4+∠C=90°	1. Rt△两锐角相余
2. ∴ ∠B=∠4	2. 同角的余角相等
3. 又∵ DB=DA	3. Rt△斜边中点距各顶点等远
4. ∴ ∠B=∠3	4. 等腰△底角相等
5. ∴ ∠3=∠4	5. 等于同量的量相等
6. 但 ∠BAF=∠CAF	6. 假设
7. ∴ ∠1=∠2	7. 等量减等量，差相等

〔范例17〕假设：两圆外切于P，一圆的弦AB延长，若切另一圆于C，又延长AP到D。

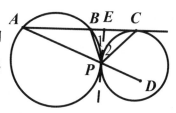

求证：∠BPC=∠CPD。

思考 欲证相等的两角不是圆周角或弦切角，也不是其他种种有关系的角，知道用前举(1)到(7)的各法也无从证明。但是我们在前面谈到辅助线的作法时，曾说"假设有两圆相切的，可作公切线或中心线"，这里不妨来试用一下。过P作公切线PE，得∠1=∠A，∠2=∠C，两式左边∠1、∠2的和

是∠BPC,右边∠A、∠C的和恰等于△ACP的外角∠CPD,于

是问题获得解决。

证

叙述	理由
1. 过P作公切线,交AC于E	1. 过相切两圆的切点有一公切线
2. ∵　EP=EC	2. 从圆外一点所引两切线相等
3. ∴　∠2=∠C	3. 等腰△底角相等
4. 又　∠1=∠A	4. 弦切角等于夹同弧的圆周角
5. ∴　∠BPC=∠A+∠C	5. 等量加等量,和相等
6. 但　∠CPD=∠A+∠C	6. △外角等于不相邻二内角和
7. ∴　∠BPC=∠CPD	7. 等于同量的量相等

　　注意　题设有相切两圆时,作过切点的公切线是多半有

效的,学者无论如何都要去试一试。

　　〔范例18〕假设: 在▱ABCD

内取一点P,使∠1=∠2。

　　求证: ∠3=∠4。

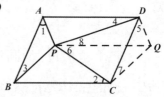

　　思考　本题同前面的两个

例子一样,用一般的方法是不易证明的。分析求证相等的

∠3同∠4各是▱对角的部分,似乎只需先证∠PBC=∠PDC,

就可由等量减等量,而得∠3=∠4,但是从∠1=∠2去证

∠PBC=∠PDC,实际同原题是完全类似的,所以应该另想别

法才是。题设ABCD是▱,我们设法作辅助线,造出新的等

角,用(7)的方法来试试看。若作▱APQD,就得两组新的等

角∠1=∠5, ∠4=∠8,前者含已知的∠1,后者含求证的∠4。

同时很巧妙的又产生另一▱PBCQ，又得∠2=∠6，∠3=∠7。

于是由∠1=∠2，得∠5=∠6，因而断定P、C、Q、D四点共圆，

所以可由∠7=∠8而得∠3=∠4。

证

叙述	理由
1. 作PQ//AD, DQ//AP	1. 作//线的基本作图法
2. 则 APQD是▱.	2. ▱的定义
3. ∴ PQ≟AD	3. ▱对边≟
4. 但 BC≟AD	4. 同上
5. ∴ PQ≟BC	5. ≟同一线的两线≟
6. PFCQ是▱	6. 一组对边≟是▱
7. ∵ AB//DC, AP//DQ	7. ▱对边//
8. ∴ ∠1=∠5	8. 两角的边分别同向//则相等
9. 又 ∠2=∠6	9. //线的内错角相等
10. ∴ ∠5=∠6	10. 以8、9代入假设∠1=∠2
11. P、C、Q、D四点共圆	11. 两△同底，等顶角，四顶点共圆
12. ∴ ∠7=∠8	12. 同弧所对的圆周角相等
13. 但 ∠7=∠3, ∠8=∠4	13. 同8、9
14. ∴ ∠3=∠4	14. 代入

注意 利用平行线造等角的方法，在证题时很有用，叫作平移法。

研究题二

（1）三角形两外角的平分线相交所成的角，等于第三角的一半。

提示　∠1、∠2、∠3有何关系？∠1、∠2、∠G有何关系？

（2）△ABC各角的平分线AD、BE、CF相交于O，从O

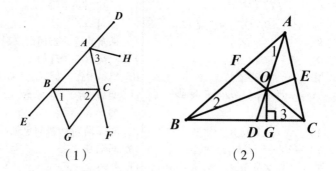

（1）　　　　　　　（2）

作OG⊥BC，则∠BOD=∠COG。

（3）过两圆的一交点A作直线CD交于两圆，与公共弦AB垂直，延长CB、DB，各交圆于F、E，则AB平分∠EAF。

（4）三角形的三个高的垂足顺次连接，所成三角形（简称垂足三角形）的三个内角必被原三角形的高所平分。

提示　试在图形中寻出共圆的四点。

（5）在四边形ABCD中，若AD=BC，又M、N各是AB、

*DC*的中点，延长*AD*、*MN*交于*E*，延长*BC*、*MN*交于*F*，则

∠*AEM*=∠*BFM*。

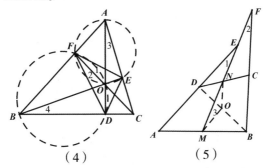

（4）　　　　　　（5）

（6）从圆上一点*A*作直径*EF*的垂线*AD*，又过*A*作切线

BC，则*AE*、*AF*各平分*BC*与*AD*的夹角。

怎样证两线平行

在以前所举的范例中, 可以见到证两直线平行的许多方法。例如"平行或垂直于同一线的两线必平行""△两边中点的连线与第三边平行""▱的对边平行"等。现在重新归纳一下, 通常为下列的四法:

(1) 利用角的关系　先证内错角相等、同位角相等或同旁内角相补。如范例19的证法一和二。

(2) 利用别的线介绍　证这两线都//或⊥另一线, 或分别//或⊥已知的两//线。如范例19的证法三。

〔范例19〕假设: $\angle 1 = \angle 2 + \angle 3$。

求证: $AB // CD$。

证法一

叙述	理由
1. 延长BE, 交CD于F	1. 作图法
2. 则　$\angle 1 = \angle 3 + \angle 4$	2. △外角等于不相邻两内角和
3. 但　$\angle 1 = \angle 2 + \angle 3$	3. 假设
4. ∴　$\angle 3 + \angle 4 = \angle 2 + \angle 3$	4. 等于同量的量相等
5. 　　$\angle 4 = \angle 2$	5. 等量减去同量, 差相等

叙述	理由
6. ∴ AB//CD	6. 内错角相等的, 二线//

证法二

叙述	理由
1. 连BD	1. 作图法
2. 则 ∠1+∠4+∠5=180°	2. △三角和180°
3. 但 ∠1=∠2+∠3	3. 假设
4. ∴ ∠2+∠3+∠4+∠5 = 180°	4. 代入
5. ∴ AB//CD	5. 同旁内角相补的两线//

证法三

叙述	理由
1. 作EF//AB	1. 作图法
2. 则 ∠4=∠2	2. //线的内错角
3. 但 ∠1=∠2+∠3	3. 假设
4. ∴ ∠5=∠3	4. 从3减去2
5. EF//CD	5. 内错角相等的两线//
6. ∴ AB//CD	6. //同一线的两线//

（3）利用平行四边形 若欲证平行的两线是四边形的一组对边, 可利用"两组对边各相等""另一组对边相等且平行"或"两对角线互相平分", 证这四边形是平行四边形, 因而确定这两线平行。参阅下举的范例。

〔范例20〕假设: AD、BE、CF是△ABC的三中线, 又 FG//BE, EG//AB。

求证: AD//GC。

思考 要证AD//GC, 需先证

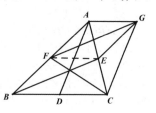

$ADCG$是▱。要达到这个目的, 需证$AG\underset{=}{\parallel}DC$。但易知$FE\underset{=}{\parallel}DC$, 故需证$AG\underset{=}{\parallel}FE$。因$GE\underset{=}{\parallel}AF$, $AFEG$是▱, 故前式可以证明。

证

叙述	理由
1. 连AG、、FE	1. 作图法
2. ∵ $FBEG$是▱	2. 两组对边各∥的是▱
3. ∴ $GE\underset{=}{\parallel}FB\underset{=}{\parallel}AF$	3. ▱对边$\underset{=}{\parallel}$, 又假设
4. ∴ $\angle F\angle G$是▱	4. 一组对边$\underset{=}{\parallel}$是▱
5. $FG=FE$	5. 同3
6. 但 $FE\underset{=}{\parallel}\frac{1}{2}BC\underset{=}{\parallel}DC$	6. △两边中点连线$\underset{=}{\parallel}\frac{1}{2}$第三边
7. ∴ $AG\underset{=}{\parallel}DC$	7. ∥同一线的两线∥
8. $ADCG$是▱	8. 同4
9. ∴ $AD\parallel GC$	9. 同3

　　(4)利用△两边中点的连线　范例20的6, 就是用的这一方法, 这里不另举例。

研究题三

（1）梯形的中线必与底平行。

提示　若$AD/\!/BC$，AB、DC的中点是E、F，AF、BC的延线交于G，可证$AF=FG$。

（2）从▱$ABCD$的各顶点作对角线的垂线AE、BF、CG、DH，则$EF/\!/GH$。

提示　证四边形$EFGH$的对角线互相平分。

（3）从△ABC的顶点A作∠B、∠C的平分线的垂线，垂足为D、E，则$DE/\!/BC$。

（4）两圆相交，过两交点各作一直线交于两圆周，则连这两直线的端的两弦必平行。

注意　假设两圆相交，公共弦是最有效的辅助线。

（5）以四边形的各边为直径各作一圆，则每相邻两边上两圆的公共弦必两两平行。

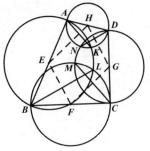

提示　顺次连各圆的中心，必成一▱。

（6）两圆相切，过切点作一直线与两圆各相交，则交点上的两半径必平行。

(7)圆的内接四边形，$ABCD$的对角线相交于E，则在 $\triangle ABE$的外接圆上E点的切线必与CD平行。

(8)过▱$ABCD$的对角线BD上一点P作AB、CD的公垂线ETG，AD、BC的公垂线HTF，则$EF /\!/ HG$。

提示　仿照研究题二的(4)，先证等角。

怎样证两线垂直

证两直线垂直所常用的方法,不外下列的四种:

(1)利用邻补角相等 两直线相交所成的两邻角若相等,就可以确定两直线垂直。

〔范例21〕三角形一边上的中线若等于这边的一半,则这三角形是直角三角形。

假设: 在 $\triangle ABC$ 中, $DA=DB=DC$。

求证: $\angle ACB=90°$。

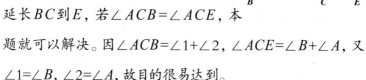

思考 $\angle ACB=90°$ 就是 $AC\perp BC$。延长 BC 到 E, 若 $\angle ACB=\angle ACE$, 本题就可以解决。因 $\angle ACB=\angle 1+\angle 2$, $\angle ACE=\angle B+\angle A$, 又 $\angle 1=\angle B$, $\angle 2=\angle A$, 故目的很易达到。

注 学者试自己写出证明。

(2)利用已知的直角或余角 证这两直线的夹角等于已知的直角,或证这两直线的夹角是两锐角相余的三角形的第三角。

〔范例22〕假设：在正方形 $ABCD$ 的 CD 边上任取一点 E，延长 BC 到 F，使 $CF=CE$。

求证：$BE \perp DF$。

思考　要证 $BE \perp DF$，只需证 $\angle DGE=90°$。要证 $\angle DGE=90°$，只需证 $\angle DGE=\angle BCE$，或 $\angle 1+\angle 3=90°$。因已知 $\angle 3=\angle 4$，所以要达到上述的任一目的，都只要证 $\angle 1=\angle 2$。题设 $CF=CE$，又正方形中有等边，有直角相等，要证 $\angle 1=\angle 2$，可试用三角形全等，学者试自己证明。

（3）用别的线介绍　证这两直线中的一线与第三线平行，另一线与第三线垂直，或证这两直线各与已知的两垂线平行。

〔范例23〕假设：在 $\triangle ABC$ 的两边 AB、AC 上向外各作正方形 $ABDE$、$ACFG$，取 EB、BC、CG 的中点 H、K、L。

求证：$HK \perp KL$。

思考　用前面的两个方法都不能证 $HK \perp KL$，应在图中找寻同它们有关系的直线。因

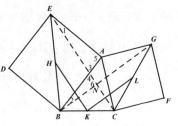

H、K、L 各是线段的中点，故若连 EC、BG，则 HK、KL 成了三角形两边中点的连线，$HK /\!/ EC$，$KL /\!/ BG$。于是知道要解决

本题, 只需证$EC \perp BG$即可。经仔细分析, 知道EC、BG是△AEC、ABG的对应边, 这两个三角形的全等是极易证明的。但从全等三角形只能得$EC=BG$, 好像对本题毫无用处, 那么怎样才能证这两线垂直呢? 再研究一下, 原来从全等三角形可得$\angle 1 = \angle 2$, 则EC同BG垂直, 实际同范例22的证法没有两样。

证

叙述	理由
1. 连EC、BG	1. 作图法
2. $\because$ $AE=AB$, $AC=AG$	2. 正方形的边相等
3. $\angle EAC=90° +\angle BAC=\angle BAG$	3. 正方形的角是90°
4. $\therefore$ △$AEC \cong$ △ABG	4. $sas=sas$
5. $\angle 1 = \angle 2$	5. 全等△的对应角相等
6. 又$\because$ $\angle 3 = \angle 4$	6. 对顶角相等
7. $\therefore$ $\angle 6 = \angle 5 = 90°$	7. 两△两组角等, 第三角也等
8. $EC \perp BG$	8. 夹直角的两线垂直
9. 但 $HK /\!/ EC$, $KL /\!/ BG$	9. △两边中点连线$/\!/$第三边
10. $\therefore$ $HK \perp KL$	10. 垂线的$/\!/$线必$\perp$

（4）利用等腰三角形　证这两直线中的一条是等腰三角形的底边, 另一条是顶角平分线或底边上的中线。

〔范例24〕延长圆内接四边形的两组对边, 各交于圆外一点, 则两个交角的平分线必垂直。

假设: $ABCD$是圆的内接四边形, 延长AD、BC交于E, 延长AB、DC交于F, 作EG、FH平分$\angle E$, $\angle F$。

求证: $EG \perp FH$。

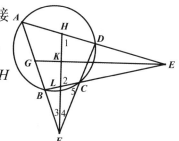

思考 因 EG 平分 $\angle E$，故若能证 $\triangle EHL$ 是等腰 $\triangle$，就得 $EG \perp FH$。要证 $EH=EL$，需先证 $\angle 1=\angle 2$，从 $\triangle$ 的外角定理，知道 $\angle 1=\angle 3+\angle A$，$\angle 2=\angle 4+\angle 5$，又从假设 $\angle 3=\angle 4$，若能再证 $\angle A=\angle 5$，就得 $\angle 1=\angle 2$。但 $\angle 5$ 同 $\angle A$ 是圆内接四边形的外角同内对角，应该相等，于是本题的证明学者不难自己写出来了。

研究题四

（1）BD、CE是$\triangle ABC$的两个高, 若BC、DE的中点是F, G, 则$FG \perp DE$。

（2）在$\triangle ABC$中, $\angle A = 90°$, 在AB、BC上向内各作正方形$ABDE$、$BCFG$, 则$GA \perp DC$。

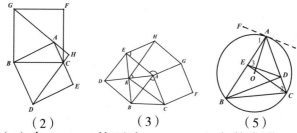

（2）　　　（3）　　　（5）

（3）在$\triangle ABC$的两边AB、AC上向外各作正方形$ABDE$、$ACFG$, AD、BE交于K, 又作$\square AEHG$, 则$CK \perp KH$。

提示　$\angle HEA$、$\angle BAC$都是$\angle EAG$的补角, 可证$\triangle EKH \cong \triangle AKC$。

（4）两圆外切于A, 作外公切线切两圆于B、C, 则$AB \perp AC$。

（5）$\triangle ABC$的两个高是BD、CE, 外接圆中心是O, 则$AO \perp DE$。

提示　过A作切线AF, 试证B、E、D、C四点共圆, $AF /\!/ DE$。

　　(6)若一四边形内接于一圆,同时又外切于另一圆,则连内切圆上相对两切点的两直线互相垂直。

　　提示　过四切点各作半径,证相对两中心角相补,再应用定理"圆周角等于同弧所对中心角的一半",可证两锐角相余。

怎样证线的和差倍分关系

先讲证两线的和等于第三线的方法，一般有下列四种：

（1）作出两线的和　化两线的和成一线，证这一线等于题中的第三线。

（2）作出两线的差　化第三线同第一线的差成一线，证这一线等于第二线。

〔范例25〕在正三角形的外接圆上任取一点，则这点同较远的一顶点的距离，等于同另外两顶点距离的和。

假设：△ABC是正三角形，P是外接圆的$\overset{\frown}{BC}$上的一点。

求证：PA=PB+PC。

学者根据下举思考的结果，自己写出证明。

思考一　若延长 BP 到 D，使

$PD=PC$，则$BD=PB+PC$，只需证$PA=BD$就得。查得PA、BD是△PAC、BDC的对应边，在这两个三角形中，已知$BC=AC$，要证它们全等，必须另找等量。因∠CPD是内接四边形$ABPC$的外角，故∠$CPD=\angle A=60°$，于是可确定△CPD也是正三角形。由新的等量$CP=CD$，∠$ACP=60°+\angle BCP=\angle BCD$，两三角形的全等就很易证明了。

思考二　在AP上取$AD=PC$，只需证$DP=PB$，二式相加就得。从圆中的记号，立刻可得△$ABD\cong△CBP$，从而$BD=BP$。又因∠$BPD=\angle BCA=60°$，于是可确定△BPD也是正三角形，$DP=PB$就没有问题了。

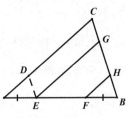

(3)**分第三线成两部分**　证第三线中的一部分等于第一线，另一部分等于第二线。

(4)**利用特殊的定理**　用三角形两边中点的连线定理，成梯形的中线定理，也可以证直线的和差关系。

〔范例26〕假设：在△ABC中，$AE=BF$，$AC/\!/EG/\!/FH$。

求证：$EG+FH=AC$。

思考一　因$EG/\!/AC$，故若作$ED/\!/BC$，作出一□，就可分AC成两部分，其中的一部分DC可

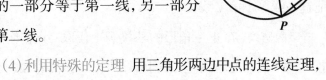

等于EG，只需证另一部分AD等于FH即可。但$AD=FH$是全等三角形的对应边，这是极易发现的。

思考二　因$EFHG$是一梯形，EG同FH是两底，故若取EF、GH的中点D、K，则$EG+FH=2DK$，以下只需证$2DK=AC$即可。但DK是$\triangle ABC$的两边中点连线，故$2DK=AC$可以成立。

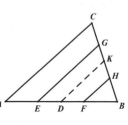

证两线的差等于第三线时，方法同上面的一样，因为$a-b=c$与$c+b=a$相同。

若证三线以上的和差关系，方法与前述的大同小异，前举的范例9就是。但有时须应用"从圆外一点所引的两切线相等"的特殊定理，举例如下：

[范例27]直角三角形的内切圆的直径，等于从两条直角边的和减去斜边。

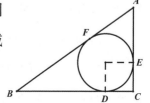

假设：在$\triangle ABC$中，$\angle C=90°$，内切圆O切BC、CA、AB于D、E、F，半径是R。

求证：$2R=BC+CA-AB$。

思考　因$BD=BF$，$AE=AF$，故$BC+CA-AB=CD+CE$，又$2R=OD+OE$，于是知道要证本题，只需证$CD+CE=OD+OE$即可。又因CD和OE，CE和OD各是四边形$ODCE$的对边，这四边

形易知是□，故 $CD=OE$，$CE=OD$，前举的等式不难证明。

最后讲证一线等于另一线的二倍或一半的方法，不外下列的两种：

（1）加倍法 证短线的二倍等于长线，见前举范例7。

（2）折半法 证长线的一半等于短线，见前举范例1。

现在另举一例于下：

〔范例28〕若直角三角形的一锐角是另一锐角的二倍，则斜边是短的直角边的二倍。

假设：在△ABC中，∠C=90°，∠A=2∠B。

求证：AB=2AC。

思考一 把AC加长得AD，设法证 AB=AD。要证AB=AD，需先证∠ABD=∠D。假设∠A=2∠3，易知△ABC≌△DBC，故

∠D=∠A=2∠3=∠3+∠4=∠ABD。

思考二 把AB折半得AD，设法证AD=AC，即先证∠1=∠2。因 Rt△斜边的中点距三顶点等远，故

∠1=∠B+∠3=2∠B=∠A，又∠2=∠A，故∠1=∠2。

证一线等于另一线的3，4……倍或 $\frac{1}{3}$，$\frac{1}{4}$……仿上法。

研究题五

（1）等腰三角形底边上的一点与两腰距离的和，必等于腰上的高。

（2）正三角形内任一点与三边距离的和，必等于这三角形的高。

提示 过该点作一边的平行线，再根据（1）题做。

（3）从□*ABCD*的各顶点向形外一直线作垂线*AE*、*BF*、*CG*、*DH*，则*AE+CG=BF+DH*。

（4）过三角形的重心作任意直线，则在同侧的两顶点与这线的距离的和，等于另一顶点与这线的距离。

提示 从*D*和*AO*的中点*F*各作该直线的垂线。

（5）圆的外切四边形两组对边的和相等。

（6）在△*ABC*中，∠*A*=90°，*AX*⊥*BC*，⊙*O*内切△*ABC*于*D*、*E*、*F*，半径是*R*；⊙*P*内切△*ACX*于*G*、

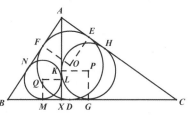

H、*K*，半径是*r*；⊙*Q*内切△*ABX*于*L*、*M*、*N*，半径是*r'*，则

$R+r+r'=AX$。

　　提示　根据范例27。

　　（7）在△ABC中，∠B=2∠C，$AD⊥BC$，E是BC的中点，则$AB=2DE$。

　　（8）D是△ABC的AB边中点，在AC上取E，使$AE=2CE$，又CD、BE交于O，则$OE=\frac{1}{4}BE$。

　　提示　取BE的中点F，仿范例15证$FO=OE$。

怎样证角的和差倍分关系

角的和差倍分关系的证法，主要是下列的两种：

（1）仿线段的证法　证和差关系时，可把两角合成一角，或把一角分成两角。例如，证明定理"△ABC的外角ACD等于不相邻的两内角A同B的和"，如图（a），可从A作AE∥DB，作出∠EAC=∠A+∠1=∠A+∠B，证这角等于∠ACD。或如图（b），作CE∥BA，分∠ACD为∠1、∠2两部分，证∠1=∠A，∠2=∠B。

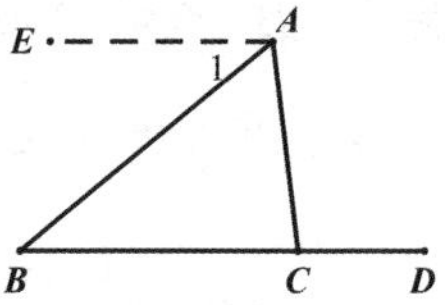

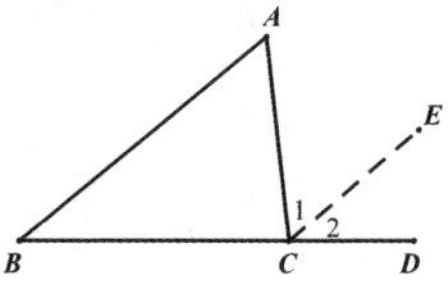

证倍分关系时，可把小角加倍，或把大角折半，如前举的范例11。

（2）用别的角介绍　证三角间的和差倍分关系时，需寻求第四角，甚至第五角，能与题中的三角产生联系，于是根据定理，逐步把等量代入求证的等式的一边，使其结果等于另一边。在化简代入的时候,常需应用代数方法,像移项、去括号等。

〔范例29〕假设:在△ABD中,$AB=AD$,在AD的延线上任取一点C。

求证:$\angle 1=\frac{1}{2}(\angle B-\angle C)$。

思考 欲证$\angle 1$、$\angle B$、$\angle C$三角间的关系,从图分析,知道$\angle 1$、$\angle B$需得$\angle 2$,才有全量与两部分的关系;$\angle 1$、$\angle C$需得$\angle 3$,才有△的外角与两不相邻内角的关系。因$\angle 2=\angle 3$,故题中的三角可由$\angle 2$、$\angle 3$而产生联系,于是得如下的两种证法:

证法一

$\angle 1=\angle B-\angle 2$	全量等于两部分的和,移项
$\quad =\angle B-\angle 3$	等腰△底角相等,代入
$\quad =\angle B-(\angle 1+\angle C)$	△的外角等于不相邻两内角和,代入
$\quad =\angle B-\angle 1-\angle C$	去括号
$\therefore\ 2\angle 1=\angle B-\angle C$	移项,归并
$\angle 1=\frac{1}{2}(\angle B-\angle C)$	等量的半分量相等

证法二

$\angle 1=\angle 3-\angle C$	△的外角等于不相邻两内角的和,移项
$\quad =\angle 2-\angle C$	等腰△底角相等,代入
$\quad =(\angle B-\angle 1)-\angle C$	全量减去一部分于另一部分,代入

以下与证法一同。

注意 同学们学习几何有了相当的基础后,写证明时不一定要拘泥于固定的形式,像上举的证明,为简单明了,可稍加变通。

〔范例30〕假设：△*ABC*、*ADE*的顶角*A*互成对顶角，∠*C*、∠*E*的角平分线交于*F*。

求证：∠$F=\frac{1}{2}$（∠*B*+∠*D*）。

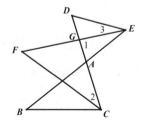

思考　∠*F*同∠*D*没有直接的关系，但∠*F*+∠2同∠*D*+∠3则相等于∠1。∠*F*同∠*B*也有类似的情形。又因∠2、∠3各是∠*C*、∠*E*的一半，故可适当消去，得如下的证明：

证

叙述	理由
1. ∵　∠*F*+∠2=∠1, ∠*D*+∠3=∠1	1. △的外角定理
2. ∴　∠*F*+∠2=∠*D*+∠3	2. 等于同量的量相等
3. 即　∠$F+\frac{1}{2}$∠*C*=∠$D+\frac{1}{2}$∠*E*	3. 以假设代入
4. 同理∠$F+\frac{1}{2}$∠*E*=∠$B+\frac{1}{2}$∠*C*	4. 仿1~3
5. ∴　2∠*F*=∠*B*+∠*D*	5. 由3、4相加, 消去同类项
6. 　∠$F=\frac{1}{2}$（∠*B*+∠*D*）	6. 由5折半

研究题六

（1）从圆外一点 A 作两切线 AB、AC，连两切点 B、C，再作直径 BD，则 $\angle A = 2\angle CBD$。

（2）直角三角形斜边上的高同中线的夹角，等于两锐角的差。

（3）三角形底边上的高同顶角平分线的夹角，等于两底角差的一半。

（4）$\triangle ABC$ 内接于 $\odot O$，$AC > AB$，D 是 $\overset{\frown}{BC}$ 的中点，则 $\angle ADO = \dfrac{1}{2}(\angle B - \angle C)$。

提示　与上题比较，看有没有相同的地方。

（5）延长四边形 $ABCD$ 的一组对边 AB、DC 交于 E，AD、BC 交于 F，若 $\angle E$、$\angle F$ 的平分线交于 O，则 $\angle EOF = \dfrac{1}{2}(\angle A + \angle C)$。

怎样证线或角的不等

要证两线或两角的不等,可依据的公理和定理有很多,但主要可归纳成下列的四法:

(1)利用△两边和的定理或外角定理 题中没有已知的不等角,而要证线的不等,常用"△两边的和大于第三边"的定理。

例如,在"任意四边形四边的和大于两对角线的和"中,并无角的不等关系,先用上述定理列四式:$AB+BC>AC$,$BC+CD>BD$,$CD+DA>AC$,$DA+AB>BD$,按大小的次序相加,得$2(AB+BC+CD+DA)>2(AC+BD)$,以2除即可。

题中没有已知的不等线,而要证角的不等,常用"△的外角大于不相邻的任一内角"的定理。

例如,在"$\triangle ABC$的$\angle A$的角平分线是AD,则$\angle ADB>\angle BAD$"中,并无线的不等关系,可先由上述定理得$\angle ADB>$

∠CAD, 以∠CAD=∠BAD代入。

（2）利用一三角形证　在一三角形
中, 从已知两角的不等, 可确定两边的不
等; 从已知两边的不等, 可确定两角的不
等。前举的范例10就是。

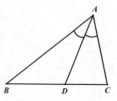

（3）利用两三角形证　在两三角形中, 若有两组边分别
相等, 则从夹角的不等, 可确定第三边的不等, 或从第三边
的不等, 可确定夹角的不等。

〔范例31〕假设: 在△ABC的中
线CD上任取一点E, 连AE、BE, ∠B>
∠A。

求证: ∠2>∠1。

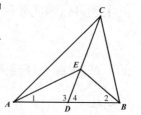

思考　∠1、∠2在△ABE中, 要证∠2>∠1, 必先证AE>
BE, AE、BE在△AED、BED中, 这两个三角形有两组边分
别相等, 要证AE>BE, 必先证∠3>∠4。∠3、∠4又在两组
边分别相等的△ACD、BCD中, 要证∠3>∠4, 必先证AC>
BC。因题设∠B>∠A, 故在△ABC中, 可证AC>BC。

证

叙述	理由
1.　∵　　∠B>∠A	1.　假设
2.　∴　　AC>BC	2.　△ABC中, 大角对大边
3.　又∵　AD=DB, CD=CD	3.　假设, 恒等
4.　∴　　∠3>∠4	4.　△ACD、BCD中, 两组边分别 　　相等, 第三边大的对大角

5. 又 $\because$ $AD=DB$, $ED=ED$	5. 同3
6. $\therefore$ $AE>BE$	6. △AED、BED中，两组边分别相等，夹角大的对边大
7. $\therefore$ $\angle2>\angle1$	7. △ABE中，大边对大角

（4）利用斜线足与垂足的距离证　要证两线不等，有时可用定理"从一点到一直线引一垂线和两斜线，斜线足距垂足远的，这一条斜线较大"，或用它的逆定理。

〔范例32〕三角形大边上的中线小于小边上的中线。

假设：在△ABC中，$AB>AC$，BE、CF都是中线。

求证：$BE>CF$。

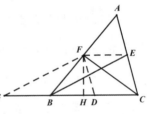

思考　若延长CB到G，使$BG=EF$，则$FGBE$是▱（因$FE/\!/GC$），$GF=BE$，要证本题，可证$GF>CF$。GF和CF是从F引到GC上的两斜线，作$FH\perp GC$，要证$GF>CF$，只需证$GH>CH$。又作$FD/\!/AC$，则$GB=FE=DC$，要证$GH>CH$，只需证$BH>DH$。因$BF=\frac{1}{2}AB$，$DF=\frac{1}{2}AC$，故$BF>DF$，于是知$BH>DH$成立。学者试自写证明。

在应用上述的四法证不等线或不等角时，要使有关系的线或角集中一处，往往用迁移的方法。迁移法有下列的三种：

（1）平移法　移一线到新的位置，与原位置平行，使其与另一线产生关系。例如在范例32中，移 BE 到 GF 就是。

（2）**翻折法** 固定一点或一直线，把图形对折，也可以迁移线或角的位置，以便于证明。

〔范例33〕三角形的两边不等，则夹角的平分线所分对边的两部分也不等，其与大边相接的较大。

假设：在 $\triangle ABC$ 中，$BC>AB$，BD 平分 $\angle B$，交 AC 于 D。

求证：$CD>DA$。

思考 CD 和 DA 分别是 $\triangle BCD$、BAD 的边，但这两个三角形没有两组边相等，故 $CD>DA$，不能利用两三角形证得。若延长小边 BA 到 E，使 BE 等于大边 BC，就得一对全等三角形 BCD 和 BED，因 $CD=DE$，故可认为是把 CD 迁移到 DE 的位置。因 DE、DA 是 $\triangle DAE$ 的两边，要证 $DE>DA$，只需证 $\angle 3>\angle E$。但 $\angle E=\angle C$，所以只需 $\angle 3>\angle C$ 就得。在 $\triangle ABC$ 中，查得 $\angle 3$ 是外角，$\angle C$ 是不相邻的一内角，$\angle 3>\angle C$ 当然是成立的。证明留待学者写出。

（3）**旋转法** 固定一点，把图形旋转到另一位置，也可以使有关系的部分集合在一处，在证题时得到帮助。

〔范例34〕假设：在 $\triangle ABC$ 中，$AB=AC$，D 是三角形内的一点，$\angle ADB>\angle ADC$。

求证: $DC>DB$。

思考　要证 $DC>DB$，原可先证 $\angle DBC>\angle DCB$，但这一个关系无法可证；且题设 $\angle ADB>\angle ADC$ 也无法利用，所以应该设法把图形迁移。

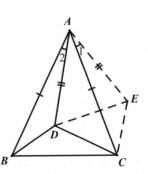

作 $\angle 1=\angle 2$，取 $AE=AD$，就得 $\triangle ACE\cong\triangle ABD$，于是 $\angle ADB$ 迁移到 $\angle AEC$ 的位置，DB 迁移到 EC 的位置，从 $\angle ACE>\angle ADC$ 证 $DC>EC$ 是比较容易的。

证

叙述	理由
1. 作 $\angle 1=\angle 2$，使 $AE=AD$，连 DE、EC	1. 基本作图法
2. 则　$\triangle ABD\cong\triangle ACE$	2. 由假设及1, sas=sas
3.　　$\angle ADB=\angle AEC$	3. 全等△的对应角相等
4. ∴　$\angle AEC>\angle ADC$	4. 以3代入假设的不等式
5. 但　$\angle ADE=\angle AED$	5. 等腰△的底角相等
6. ∴　$\angle CED>\angle CDE$	6. 从不等量减去等量, 大者仍大
7. ∴　$DC>CE$	7. △大角对大边
8. 但　$CE=DB$	8. 全等△的对应边相等
9. ∴　$DC>DB$	9. 代入

研究题七

(1)在梯形 $ABCD$ 中, BC 是大底, $AB>DC$, 则 $\angle C>\angle B$。

(2)在 $\triangle ABC$ 中, $AB>AC$, 在 $\angle A$ 的平分线上任取一点 D, 则 $AB-AC>DB-DC$。

(3)四边形一组对边中点的连线, 小于另一组对边的和的一半。

提示 仿研究题二的(5)作辅助线。

(4)三角形的两边不等, 则第三边上的中线与大边所夹的角, 必小于与小边所夹的角。

提示 若 D 是 $\triangle ABC$ 的 BC 边中点, 可固定 D 把 $\triangle ABD$ 旋转180°。

(5)在 $\triangle ABC$ 内取一点 P, 使 $CP=CB$, 则 $AB>AP$。

提示 作 $\angle BCP$ 的平分线, 用翻折法。

(6)三角形小边上的高大于大边上的高。

提示 延长高 BD 到 F, 使 $DF=BD$, 又延长高 CE 到 G, 使 $EG=CE$。

(7)延长 $\triangle ABC$ 的边 BC 到 E, 使 $CE=AB$, 延长 CB 到 D, 使 $BD=AC$, 若 $AB>AC$, 则 $AD>AE$。

怎样证点的共线

证三点(或三点以上)共线,就是证这三点(或三点以上)在一直线上,通常有下列的三种方法:

(1)利用补角 如右图,要证 A、B、C 三点共线,可连 AB 和 BC,利用过 B 的其他直线 BD、BF,证 $\angle ABD+\angle DBC=180°$,或 $\angle ABF+\angle FBD+\angle DBC=180°$。如范例35的证法一和范例36。

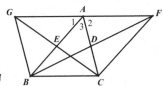

(2)利用平行线 同上,利用另一直线 XY,证 $AB /\!/ XY$,$BC /\!/ XY$。例如范例35的证法二。

〔范例35〕假设:在 $\triangle ABC$ 中,延长两中线 BD、CE 到 F、G,使 $DF=BD$,$EG=CE$。

求证: G、A、F 三点共线。

思考一 连 GA 和 AF 两直线,要解决本题,只需证 GA 和 AF 在同一直线上。要达到这一目的，需证∠1+∠3+∠2=180°。因在△GAE、CBE中，有假设的两组等边，又有对顶角相等，所以是全等形，由此得∠1=∠ABC；同理，得∠2=∠ACB。已知∠ABC+∠3+∠ACB=180°，于是∠1+∠3+∠2=180°可以成立。

思考二　要证GA和AF在同一直线上，只需证GA∥BC，AF∥BC。从假设知道AB和GC互相平分，所以GBCA是▱，GA∥BC是极易证明的。还有AF∥BC也同样可以证明。

注意　GA和AF应画作一粗一细，以免误认为是已知的一直线。

〔范例36〕从三角形外接圆上的任意点作三边的垂线，则三垂足共线（这直线叫作Simson线）。

假设：从△ABC的外接圆上一点P，做PD⊥AB，PE⊥BC，PF⊥AC。

求证：D、E、F三点共线。

思考　要证D、E、F共线，可设法证∠DEP+∠PEF=180°。因B、P、E，D四点共圆，得∠DEP+∠DBP=180°；又E、P、F、、C四点共圆，得∠PEF=∠PCF，所以只需证∠PCF=∠DBP即可。但这一组

角的相等是在内接四边形ABPC中可立刻证得的。

证

叙述	理由
1. 连DE、EP、BP、PC四线	1. 两点间可连一直线
2. 因 $\angle BDP=\angle BEP=90°$	2. 垂线间的角是直角
3. ∴ B、P、E、D四点共圆	3. 两同底,等顶角,四顶点共圆
4. 又∵$\angle CEP+\angle CFP=180°$	4. 同2又等量加等量,和相等
5. ∴ E、P、F、C四点共圆	5. 四边形对角相补,四顶点共圆
6. ∴ $\angle DEP+\angle DBP=180°$	6. 内按四边形对角相补
7. $\angle DBP=\angle PCF$	7. 内接四边形外角等于内对角
8. $\angle PCF=\angle PEF$	8. 同弧所对的圆周角相等
9. ∴ $\angle DEP+\angle PEF=180°$	9. 以7、8代入6
10. ∴ DE和EF合成一直线	10. 两邻角相补,外边成一直线
11. 即 D、E、F三点共线	11. 由10换言

（3）利用等角　如右图,要证A、B、C三点共线,可连AB和BC,利用过B的已知直线DE,证$\angle ABE=\angle DBC$。

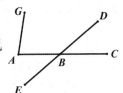

若连AB和AC（注意在未证明这两直线在同一直线上以前,应认作AC不过B点）,利用过A的另一直线AG,设法去证$\angle GAB=\angle GAC$。

〔范例37〕假设：⊙O与⊙O′相切于P,平行线AB、CD各是这两圆的直径。

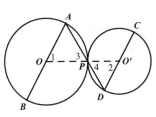

求证：（a）在两圆外切时,AD、BC相交于P点

思考　要证AD、BC交于P,只需分别证A、P、D三点共线和B、P、C三点共线。要证A、P、D共线,因中心线OO′必过

切点P, 故可连AP、DP两直线, 证∠3=∠4, 要达到这目的, 可
分析∠3、∠4同别的角有什么关系, 发现∠3=∠A, ∠4=∠D,
那么∠A、、∠D能不能相等呢? 有人说这是平行线间的内
错角, 当然是相等的。其实这是一个极大的错误。因为APD
还没有确定是一直线, 你把∠A、∠D认作是内错角, 无形中
已承认APD是一直线, 那么何必再去证明A、P、D共线呢?
这是在证三点共线时最易犯的错误, 我们要特别注意, 因
OPO′是一直线, ∠1=∠2不成问题, 这两角是两个等腰三角
形的顶角, ∠3、∠4是底角, 于是∠3=∠4就很易证明了。

证

叙述	理由
1. 连AP、DP、OO′ 三直线	1. 两点间可连一直线
2. 则OO′ 必过P点	2. 相切两圆的中心线必过切点
3. ∠1=∠2	3. //线间的内错角相等
4. 但	4. 每一△三内角和是180°
∠1+∠3+∠A=∠2+∠4+∠D	
5. ∴ ∠3=∠A, ∠4=∠D	5. 等量减等量, 差相等
6. 又∵∠3=∠A, ∠4=∠D	6. 半径相等, 等腰△底角相等
7. ∴ ∠3=∠4	7. 以6代入5再以2除
8. ∴AP和PD在同一直线上	8. 从直线上一点向两侧各引一
	直线, 若不相邻二角等则二线
	合一
9. 即直线AD通过P	9. 因A、P、D三点在一直线上
10. 同理, 直线BC也过P	10. 仿1~9
11. ∴AD、BC相交于P	11. 由9、10

求证: (b)在两圆内切时, AC、BD相交于P点。

思考 仿上法, 可连AP和CP两直线, 证得∠APO=∠CPO

后，从定理"两角的顶点与一边共用，另一边在公共边的同侧，若这两角相等，则另一边必相合"，知AP和CP在同一直线上，即AC的延线过P。学者试写出它的证明。

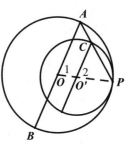

研究题八

（1）两圆相交于A、B，过A作两圆的直径AC、AD，则C、B、D三点共线。C、D两点在B点的两侧时，与在B点的同侧时，证法有什么不同？

（2）梯形的两腰和两对角线的四个中点共线。

（3）从△ABC的顶点A引∠B及其外角的平分线的垂线，则两垂足与AB、AC二线的中点，四点共线。

（4）三角形的外心、重心、垂心三点共线（这直线叫作Euler线）。

提示　O是外心，G是重心（AG=2GD），H是垂心，连OG和GH，从范例7，AH=2OD，取AG、GH的中点K、L，可证△ODG≌△LKG。

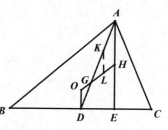

（5）过半圆上的任意点作直径的垂线，又作一圆切于半圆，且切于这直线，则两切点与直径的一端共线。

（6）三圆互相外切，延长切点连线AB和AC，交一圆于D、E，则DE是该圆的直径。

提示　证D、E与该圆的中心O共线，需先证DO、OE各与其他两圆的中心线平行。

(7)两圆的中心、两内公切线的交点和两外公切线的交点，这四点共线。

提示 两个对顶角的平分线合一，一角的平分线只有一条。

怎样证线的共点

　　证三线或三线以上共点（即交于一点）的方法，可归纳成下列的五种：

　　（1）证两线的交点在第三线上　先设其中的两线交于某点，再证这点在第三线上。在证内心定理（即三角形三内角的平分线共点）、旁心定理（即三角形一内角及其他两角的外角的平分线共点）、外心定理（即三角形三边的垂直平分线共点）时，都用这一个方法。普通几何教科书中都有，这里不再举例。

　　（2）过两线的交点另作一线，证其合于第三线　如〔范例38〕的证法一。

　　（3）过两线的交点另作两线，证其合于第三线　如〔范例38〕的证法二。

　　〔范例38〕三角形的三中线共点（即重心定理）。

假设: 在△ABC中, BC、CA、AB的中点是D、E、F。

求证: AD、BE、CF共点。

证法一

叙述	理由
1. 设BE、CF交于一点O, 连AO, 延长到G, 使$OG=AO$, 交BC于D'	1. 基本作图法
2. ∵ $AF=FB$, $AO=OG$	2. 假设及1
3. ∴ $FC /\!/ BG$	3. △两边中点连线$/\!/$第三边
4. 同理 $EB /\!/ CG$	4. 仿2、3
5. ∴ $BGCO$是▱	5. 两组对边各$/\!/$的是▱
6. $BD' = D'C$	6. ▱对角线互相平分
7. 即 D'是BC的中点	7. 中点的定义
8. 全 BC的中点是D	8. 假设
9. ∴D'合于D, AD'合于AD, 即中线AD过O, 三中线共点于O	9. 线段的中点只有一个

证法二

叙述	理由
1. 设BE、CF交于一点O, 连AO、OD; 平分BO、CO于G、H, 连FE、GH、FG、EH、DH	1. 作图法
2. ∵$AF=FB$, $AE=EC$	2. 假设
3. ∴ $FE /\!/\!= \frac{1}{2}BC$	3. △两边中点连线$/\!/\!=$第三边
4. ∵$OG=GB$, $OH=HC$	4. 由1
5. ∴ $GH /\!/\!= \frac{1}{2}BC$	5. 同3
6. ∴ $FE /\!/\!= GH$	6. $/\!/\!=$同一线的两线$/\!/\!=$
7. $FGHE$是▱	7. 一组对边$/\!/\!=$的是▱
8. $GO=OE$	8. ▱对角线互相平分
9. 又∵$OH=HC$, $BD=DC$	9. 由1.及假设
10. ∴$DH /\!/\!= \frac{1}{2}BO /\!/\!= GO /\!/\!= OE$	10. 同3, 又根据1及8
11. $ODHE$是▱	11. 同7
12. ∴ $EH /\!/ DO$	12. ▱的对边$/\!/$

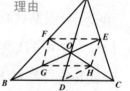

13. 但 *EH//AO*	13. △*CAO*两边中点连线//第三边
14. ∴*AO*、*OD*合成一直线, 即为中线*AD*	14. 过一点*O*作*EH*的//线只有一条
15. *AD*、*BE*、*CF*三中线共点于*O*	15. 由1及14

（4）证各线都过一定点 证三线以上共点时, 常除去一线, 证其他各线都过第一线上的一个定点。

〔范例39〕若一平行四边形内接于另一平行四边形, 则四条对角线共点。

假设：▱*EFGH*的各顶点在另一▱*ABCD*的各边上。

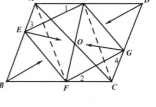

求证：*AC*、*BD*、*EG*、*FH*共点。

思考 因平行四边形的对角线互相平分, 故对角线*AC*、*BD*的交点是*AC*的中点*O*。要证四线共点, 只须证*BD*、*EG*、*FH*都过*AC*的中点*O*。

证

叙述	理由
1. ∵*HE//FG*, *HA//FC*, *AE//CG*	1. ▱的对边//, 部分也//
2. ∴∠1=∠2, ∠3=∠4	2. 两角的边分别反向//则相等
3. 又 *HE≌FG*	3. ▱的对边相等
4. ∴△*AEH*≌△*CGF*	4. *asa=asa*
5. *AH=FC*	5. 全等△的对应边相等
6. *AFCH*是▱	6. 一组对边∥的是▱
7. *AC*、*FH*互相平分于*O*, 即*AC*、*FH*的交点*O*是公共的中点	7. ▱的对角线互相平分

8. 但BD过AC的中点O,又EG过FH的中点O,也即过AC的中点O	8. 同上,或改称" 一对角线必过另一对角线的中点"
9. $\therefore AC$、BD、EG,FH都过AC的中点O,即共点于O	9. 由7、8

（5）**利用已知的共点线定理** 变更原题,使题中要证的三线在另一图形中成为已知的共点线。例如,在教科书中证垂心定理（即三角形的三个高共点）时,是把三个高变作另一三角形的三边的垂直平分线,从而证明它们共点。下面另举一例。

〔范例40〕假设：在△ABC的边AB、AC上向外各作正方形$ABEF$、$ACGH$,又作$AD \perp BC$。

求证：AD、BG、CE共点。

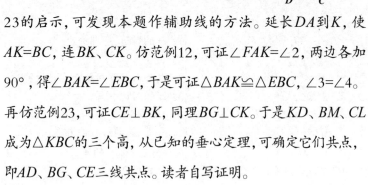

思考 我们从范例12和23的启示,可发现本题作辅助线的方法。延长DA到K,使$AK=BC$,连BK、CK。仿范例12,可证$\angle FAK=\angle 2$,两边各加90°,得$\angle BAK=\angle EBC$,于是可证△$BAK \cong$△EBC,$\angle 3=\angle 4$。再仿范例23,可证$CE \perp BK$,同理$BG \perp CK$。于是KD、BM、CL成为△KBC的三个高,从已知的垂心定理,可确定它们共点,即AD、BG、CE三线共点。读者自写证明。

研究题九

（1）在任意四边形中，两组对边中点的连线与两对角线中点的连线，凡三线共点。

（2）在△ABC内任取一点O，线段AO、BO、CO的中点是L、M、N，又三边BC、CA、AB的中点是D、E、F，则DL、EM、FN三线共点。

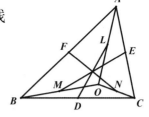

（3）两直线相交于O，在一直线上取A、B、C三点，使OA=AB=BC，在另一直线上取L、M、N三点，使LO=OM=MN，则三直线AL、BN、CM共点。

提示　A是△MLC的重心，故LA必过CM的中点。

（4）在△ABC中，∠A=90°，∠A的平分线是AD，从B、C各作∠A的外角平分线的垂线BE、CF，则AD、BF、CE共点。

提示　延长AD到G，使AG=EF，研究要证的三直线在△GEF中是哪一种直线。

怎样证点的共圆

　　证四点或四点以上共圆（即同在一圆周上）的方法，可分下列的六种来讲：

　　（1）利用同斜边的几个直角三角形　若两个或两个以上的直角三角形有公共的斜边，则可证各顶点共圆。前举〔范例14〕中4的证法就是。

　　（2）利用两三角形同底等顶角　若两三角形有公共底边，又有相等的顶角，且在公共底边的同侧，则四顶点共圆。前举〔范例18〕的11、〔范例36〕的3都是。

　　（3）利用四边形对角相补　若四边形的两个对角互补，则四顶点共圆。前举〔范例36〕中的5的证法就是。

　　（4）利用四边形的外角等于内对角　若四边形的一外角等于它的内对角，则四顶点共圆。例题如下：

　　〔范例41〕假设：从直径的一端 A 到另一端 B 的切线上作两直线 AE 和 AF，截圆于 C 和 D。

求证:C、D、F、E四点共圆。

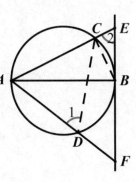

思考　连CD,得四边形$CDFE$,要证C、D、F、E共圆,只需证$\angle 1=\angle 2$即可。因$\angle 1=\angle ABC$,所以要证$\angle 1=\angle 2$,只需证$\angle ABC=\angle 2$。从假设易证$\angle ACB$,$\angle ABE$都是90°,于是$\angle ABC$、$\angle 2$都是$\angle CAB$的余角,故相等。

证明由学者写出,又若AE、AF在AB的同侧,学者试另行画图,并加以证明。

(5)证各点距一定点等远　若各点距一定点等远,则各点必同在以定点为中心,任一距离为半径的圆上。参阅下例:

〔范例42〕菱形各边的中点共圆。

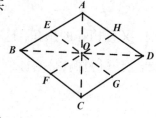

假设:$ABCD$是菱形,AB、BC、CD、DA的中点是E、F、G、H。

求证:E、F、G、H四点共圆。

思考　分析可得这四点距对角线的交点可能是等远的,于是作两对角线,得交点O,分别与E、F、G、H连接。因菱形的对角线互相垂直,故EO,FO……都是$Rt\triangle$斜边的中点与直角顶点的距离, 必等于 $\frac{1}{2}AB$, $\frac{1}{2}BC$……, 因 $AB=BC=$……, 故 $EO=FO=$……, E、F、G、H 四点共圆。

(6) 证多圆合成一圆　要证四点以上共圆, 可选出其中的三点, 分别证这三点与第四点共圆, 这三点与第五点共圆……因三点可决定一圆, 故这许多圆必合成一圆。下面这个最著名的共圆定理的证法就是。

〔范例43〕在一三角形中, (*a*) 各边的中点, (*b*) 三个高的垂足, (*c*) 各顶点与垂心间的中点, 九点共圆 (这圆称九点圆)。

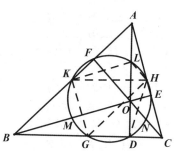

假设: △ABC 的三个高 AD、BE、CF 交于一点 O, 又 BC、CA、AB、AO、BO、CO 的中点顺次是 G、H、K、L、M、N。

求证: G、H、K、D、E、F、L、M、N 九点共圆。

思考　选定三边的中点 G、H、K, 若能先证这三点与 D 共圆, 则这三点与 E 共圆, 或这三点与 F 共圆, 都可用同法证明。若再证这三点与 L 共圆, 则这三点与 M 或 N 共圆的证法也是一样。因这样的六个圆都有 G、H、K 三点, 故必合成一圆。

证

叙述	理由
1.　连 KH, KG, HD 三直线	1.　作图法
2.　则 $KH/\!/BC$, $KG/\!/AC$	2.　△两边中点连线 $/\!/$ 第三边
3.　∴ $KGCH$ 是 ▱	3.　二两组对边各 $/\!/$ 的是 ▱

4.　　∠GKH=∠C	4.　▱对角相等
5.　又∵　HD=HC	5.　Rt△斜边中点距三顶点等远
6.　∴　∠HDC=∠C	6.　等腰△底角相等
7.　∴　∠GKH=∠HDC	7.　等于同量的量相等
8.　　G、H、K、D共圆	8.　四边形外角=内对角,顶点共圆
9.　同理　G、H、K、E共圆 G、H、K、F共圆	9.　仿1~8
10.　再连　KL、LH、GH三直线	10.　同1
11.　则　　KL∥BE, LH∥FC	11.　同2
12.　∴　∠KLH=∠FOE	12.　两角的边分别反向∥, 则相等
13.　但　∠KGH=∠A	13.　仿4可证
14.　　∠FOE+∠A=180°	14.　四边形四角和360°, 两角各90°
15.　∴　∠KLH+∠KGH=180°	15.　以12、13代入14
16.　　G、H、K、L共圆	16.　四边形对角相补,四顶点共圆
17.　同理　G、H、K、M共圆 G、H、K、N共圆	17.　仿10~16
18.　∴　G、H、K、D、E、F、L、M、N九点共圆	18.　由8、9、16、17六圆同过G、H、K三点, 必合成一圆

注意　本题的证法很多,学者试选定另外的两点,研究它的证法。

研究题十

（1）从 $\overset{\frown}{BC}$ 的中点 A 作任意的两弦 AD、AE，各交 BC 弦于 F、G，则 D、F、G、E 四点共圆。

（2）从一定点到诸同心圆作切线，则诸切点共圆。

（3）$\triangle ABC$ 的 BC 边上的高是 AD，作 $DE \perp AB$，$DF \perp AC$，则 B、E、F、C 共圆。

（4）两圆相交于 A、B，过 A 作一直线，交两圆于 C、D，过 C、D 各作一切线，相交于 E，则 B、C、E、D 四点共圆。

（5）以圆的内接四边形的各边为弦，各作一圆，则这四圆的另外四个交点共圆。

提示　试证 $\angle FEH + \angle FGH = 180°$。

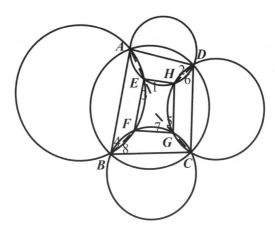

（6）四边形的两条对角线互相垂直，从交点向各边作垂线，则四个垂足共圆。

（7）圆的内接四边形的两条对角线互相垂直，从交点向各边作垂线，则四个垂足与各边的中点，凡八点共圆。

提示　应用范例13。

怎样证圆的共点

证三圆或三圆以上共点,有两种方法:

(1)证诸圆过一定点　在较简单的题中,易于发现各已知圆所共的一点,可证各圆都过这一点。

〔范例44〕以菱形的各边为直径的四圆共点。

假设: $ABCD$ 是菱形,以各边为直径各作一圆。

求证:四圆共点。

思考　从范例42的图,因两对角线垂直相交于 O,故各边都是直角三角形的斜边,题设的四圆都以斜边为直径,必都过直角的顶点 O,因而共点于 O。

(2)证两圆的交点在其他各圆上　普通证诸圆共点,可先设其中的两圆交于某点,再证这点在其他各圆上。参阅下例:

〔范例45〕在三角形的各边上向外各作一等边三角形,则三个等边三角形的外接圆共点。

　　假设：在△ABC的各边上向外各作一等边三角形BCD、CAE、ABF。

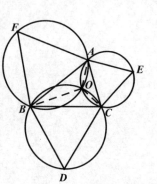

　　求证：三个等边△的外接圆共点。

　　思考　先假定⊙CAE，⊙ABF交于O点，设法证O在⊙BCD上。要证O在⊙BCD上，就是要证O、B、C、D四点共圆，只需证∠D+∠BOC=180°即可。因已知∠D=60°，故需证∠BOC=120°。又已知∠E+∠COA=180°，可确定∠COA=120°，同理∠AOB=120°，于是∠BOC=120°就不难证得了。

证

叙述	理由
1. 设△CAE，△ABF的外接圆交于O，连AO、BO、CO	1. 作图法
2. 则　∠E+∠COA=180°，∠F+∠AOB=180°	2. 圆的内接四边形对角相补
3. 但　∠E=60°，∠F=60°	3. 等边△的角是60°
4. ∴　∠COA=120°，∠AOB=120°	4. 从2减去3
5. 又∠COA+∠AOB+∠BOC=360°	5. 环绕一点的诸角和是360°
6. ∴　∠BOC=120°	6. 从5减去4
7. 但　∠D=60°	7. 同3
8. ∴∠D+∠BOC=180°	8. 由6、7相加
9. ∴O、B、C、D四点共圆	9. 四边形对角相补，四顶点共圆

10. 即△BCD的外接圆也过O, 三 | 10. 由1及9
　　 圆共点于O |

　　注意　学者若就本题的圆形继续研究, 可发现AO和OD必合成一直线, 因而可证明AD、BE、CF三直线共点于O。

研究题十一

（1）过圆的内接四边形的每一顶点与其两邻边的中点各作一圆，这四圆共点。

提示　这四圆都过四边形的外心。

（2）在△ABC的三边BC、CA、AB上各任取一点D、E、F, 则AEF、BFD、CDE三圆共点（本题叫作O点定理）。

（3）在三角形的两边上向外各作一正方形，又以第三边的对角线为边作一正方形，则三正方形的三个外接圆共点。

（4）四边形的两组对边各延长相交，则所成的四个三角形的外接圆共点（这点叫做$Miquel$点）。

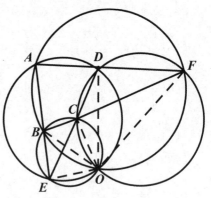

提示　设⊙BCE与⊙CDF交于O, 证A、F、O、B四点共圆，又证A、D、O、E四点共圆。

怎样证比例式或等积式

四线段（或三线段）的比例关系，常利用平行线、角的平分线或相似三角形来证。假使这三个方法都不能适用时，可另求第三比，用来介绍题中的两个比相等。现在分别说明，并举例于下：

（1）利用平行线　分析比例式中的四线段是不是三角形一边的平行线在其他两边上所截的对应线段，假使不是，看能否用等线替代。

〔范例46〕假设：在△ABC的AC边上取一点D，延长CB到E，使BE=AD，连ED，交AB于F。

求证：EF∶FD=AC∶BC。

思考　分析欲证的四线段同已知相等的两线段，知道要使EF、FD、EB三线产生联系，必须从D作DG∥AB，这三线就和BG成为△EDG一边的平行线所截的四线段。同时AC、BC、AD、BG也是一样。于是得证法如下：

证

叙述	理由
1. 从D作$DG/\!/AB$	1. 作图法
2. 则 $EF:FD=EB:BG$	2. △一边的$/\!/$线在其他两边上截得的对应线段成比例
3. 即 $EF:FD=AD:BG$	3. 以假设的等量代入
4. 但 $AC:BC=AD:BG$	4. 同2
5. ∴ $EF:FD=AC:BC$	5. 等于同比的两比相等

（2）利用角的平分线　分析比例式中每一个比的两项，是不是三角形一角的平分线所分对边的两部分，如果是，就可以确定这两线的比等于两邻边的比。

〔范例47〕假设：在△ABC中，$\angle A=90°$，$AD\perp BC$，$\angle B$的平分线交AD于F，交AC于E。

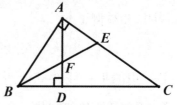

求证：$DF:FA=AE:EC$。

思考　DF和FA是△BAD的$\angle B$平分线所分对边的两部分，其比等于$BD:AB$；AE和EC是△ABC的$\angle B$平分线所分对边的两部分，其比等于$AB:BC$。要证题中的比例式，只需证$BD:AB=AB:BC$即可。但从定理知道Rt△DBA∽Rt△ABC，BD和AB是一组对应边（短直角边），AB和BC是另一组对应边（斜边），所以上举的比例式成立，于是题中的比例式也成立。

证

叙述	理由
1. $DF:FA=BD:AB$, $\quad AE:EC=AB:BC$	1. △一角的平分线所分对边的两 部分的比等于两二邻边的比
2. 又 △DBA∽△ABC	2. Rt△斜边上的高所分成的三角 形与原三角形相似
3. $\quad BD:AB=AB:BC$	3. 相似△的对应边成比例
4. ∴ $DF:FA=AE:EC$	4. 等于等比的两比相等

（3）利用相似三角形　在〔范例47〕中3的比例式就是利用"相似三角形的对应边成比例"证得的。下举范例48的证法一也是。

（4）利用别的比介绍　证比例式中的两个比分别等于第三比，或分别等于已知相等的两比。在上举的两个范例中都已用过，下举例题的证法二也是。

〔范例48〕假设：从圆外一点A引两切线AB、AC，在圆上任取一点P，作$PD\perp BC$，$PE\perp AB$，$PF\perp AC$。

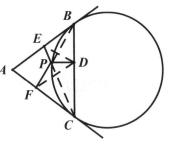

求证：$PE:PD=PD:PF$。

思考一　PE和PD是△PED的两边，PD和PF是△PDF的两边，若△PED∽△PDF，则四线成比例。需证△PED∽△PDF，须先证∠PED=∠PDF及∠PDE=∠PFD。要证这两组等角，需另求其他的角介绍。根据假设的垂线，发现P、E、B、D四点共圆，P、D、C、F四点也共圆，可得相等

的圆周角。又从假设的切线,可得弦切角等于圆周角。于是得如下的证明:

证法一

叙述	理由
1.　连ED、DF、PB、PC	1.　作图法
2.　$\angle PEB + \angle PDB =$	2.　垂线间夹直角,两个直角相加
$90° + 90° = 180°$	
3.　$\therefore P$、E、B、D四点共圆	3.　四边形对角相补,四顶点共圆
4.　$\angle PED = \angle PBD$	4.　同弧所对的圆周角相等
5.　同理$\angle PDF = \angle PCF$	5.　仿1~4
6.　但$\angle PBD = \angle PCF$	6.　弦切角等于夹同弧的圆周角
7.　$\therefore \angle PED = \angle PDF$	7.　等于等量的量相等
8.　同理$\angle PDE = \angle PFD$	8.　仿1~7
9.　$\therefore \triangle PED \backsim \triangle PDF$	9.　两组角相等的两△相似
10.　$\therefore PE : PD = PD : PF$	10.　相似△的对应边成比例

思考二　若只连PB、PC两直线,从弦切角定理得$\angle PBE = \angle PCD$,就可证明$Rt\triangle PEB \backsim Rt\triangle PDC$,$PE : PD = PB : PC$。同法又可证$PD : PF = PB : PC$。这样一来,由于$PB : PC$的介绍,就得欲证的比例式,较证法一简单。

关于四线段(或三线段)的等积关系的证明,必先证得一比例式,然后应用等积定理,得两外项的积等于两内项的积。参阅下例:

〔范例49〕假设:在$\triangle ABC$中,三个高AD、BE、CF相交于H。

求证:$DA \times DH = DE \times DF$。

思考　要证$DA \times DH = DE \times DF$,

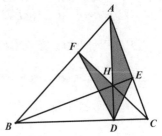

可把左边相乘的两线段做外项,右边相乘的两线段做内项,改为比例式$DA:DF=DE:DH$。要证这比例式,应认定以DA、DE为两边的$\triangle DAE$,以DF、DH为两边的$\triangle DFH$,证它们相似。要证这两个三角形相似,必须证两组等角。因A、F、D、C共圆,可得$\angle ADE=\angle FDH$,于是本题获得解决。

证

叙述	理由
1. $\because Rt\triangle FAC$、DAC有公共的斜边AC	1. 假设
2. $\therefore A$、F、D、C四点共圆	2. 同斜边的两$Rt\triangle$顶点共圆
3. $\angle DAE=\angle DFH$	3. 同弧所对的圆周角相等
4. 同理$\angle HDE=\angle HCE$ $\angle FDH=\angle FBH$	4. 仿1~8
5. 但 $\angle HCE$、$\angle FBH$都是$\angle A$的余角	5. $Rt\triangle$的两锐角相余
6. $\therefore \angle HCE=\angle FBH$	6. 同角的余角相等
7. $\therefore \angle HDE=\angle FDH$	7. 等于等量的量相等
8. $\triangle DAE\backsim\triangle DFH$	8. 由3、7两组等的两$\triangle$相似
9. $DA:DF=DE:DH$	9. 相似$\triangle$的对应边成比例
10. $\therefore DA\times DH=DE\times DF$	10. 比例式内项的积等于外项的积

研究题十二

（1）在△ABC的BC边上任取D点，作$DE/\!/BA$，交AC于E，作$DF/\!/CA$，交BA于F，则$BF:FA=AE:EC$。

（2）AB是圆的直径，从A、B各作一弦AF、BG交于E，过E作弦$CD\perp AB$，则$CG:GD=CF:FD$。

提示 $\overset{\frown}{CB}=\overset{\frown}{DB}$，$\overset{\frown}{CA}=\overset{\frown}{DA}$。

（3）在△ABC的两边AB、AC上取$BD=CE$，延长DE、BC交于F，则$AB:AC=FE:FD$。

（4）Rt△的内接正方形的一边在斜边上，则斜边上的三线段成比例。

（5）两圆A、B外切于P，则外公切线CD是两圆直径的比例中项。

提示 内公切线PE交CD于E，试证$AP:PE=PE:PB$。

（6）圆的直径是外切等腰梯形两底的比例中项。

提示 设等腰梯形的一腰AB切⊙O于E，则AE、BE各等于两底的一半，OE是半径，仿上题可证OE是AE、BE的比例中项。

（7）过△ABC的顶点A作外接圆的切线AD，从B作$BE/\!/AD$，交AC于E，则$AC:AB=AB:AE$。

(8) 从圆上一点 P 作弦 AB 的垂线 PC, 从 A、B 各作过 P 的切线的垂线 AD、BE, 则 PC 是 AD、BE 的比例中项。

(9) 三角形两边的积, 等于外接圆的直径和第三边上的高的积。

(10) 从圆外一点引圆的两切线及一割线, 则在两切点与割线的两交点所成的四边形中, 两组对边的积相等。

提示 利用割线与切线的比介绍, 先证比例式。

怎样用比例证等线和平行线

先讲用比例证等线的方法, 有下列的四种:

(1) 证两线的比等于其反比　　在较简单的题中, 要证 $a=b$, 可先证 $a:b=b:a$。

〔范例50〕假设: 从 $\triangle ABC$ 的 AB 边上一点 P 作 $PQ/\!/BC$, 交 AC 于 Q, 从 Q 作 $QR/\!/AB$, 交 BC 于 R, 从 R 作 CA 的平行线, 恰巧过 P。

求证: P 是 AB 的中点。

思考　要证 $AP=PB$, 研究它们的比, 知道 $AP:PB=AQ:QC$, $PB:AP=BR:RC$。在这两式中, 右边的两比相等, 故得 $AP:PB=PB:AP$。

证

叙述	理由
1. ∵ $AP:PB=AQ:QC$,　　　$PB:AP=BR:RC$	1. △一边的 $/\!/$ 线在其他两边上截得的对应线段成比例
2. 但　$AQ:QC=BR:RC$	2. 同上
3. ∴ $AP:PB=PB:AP$	3. 等于等比的两比相等

4.　$\overline{AP}^2 = \overline{BP}^2$　　　　4. 比例变为等积的定理

5.　∴　$AP=PB$　　　　　　5. 等量的平方根相等

（2）证这两线同已知两等线成比例　通常证两线相

等，常利用已知两等线，证其相互间有比例关系。譬如要证

$x=y$，若已知$a=b$，可先证$a:y=b:y$。

〔范例51〕假设：从圆上一点D

作DE垂直于直径AB，过A、D各作一

切线交于C，连CB，交DE于F。

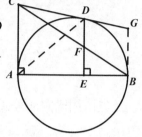

求证：$DF=FE$。

思考　　已知$CD=CA$，要证$DF=FE$，可先证

$CD:CF=CA:FE$……（1），（1）式右边的比可等于$AB:EB$，

但左边的不易证其等于$AB:EB$。因CD、DF是△CDF的两

边，若过B作切线，交CD的延线于G，就得相似△CGB，

于是（1）式左边的比等于$CG:GB$，即等于$CG:DG$。又因

$CA/\!/DE/\!/GB$，$AB:EB=CG:DG$，故（1）式成立。

证

叙述	理由
1.　过B作切线交CD的延线于G	1.　作图法
2.　∵　$CA/\!/DE/\!/GB$	2.　切线⊥直径，⊥同一线的各线$/\!/$
3.　∴　△$CDF\backsim$△CGB	3.　△一边的$/\!/$线截一△$\backsim$原△
4.　　$CD:CG=DF:GB$	4.　相似△的对应边成比例
5.　但　$GB=DG$	5.　圆外一点所引两切线相等
6.　∴　$CD:CG=DF:DG$	6.　代入
7.　即　$CD:DF=CG:DG$	7.　比例式的两内项可以更调
8.　又　$CA:FE=AB:EB$	8.　同3、4

9.　　$CG:DG=AB:EB$	9.　三平行线截两线成比例线段
10.　$\therefore$　$CD:DF=CA:FE$	10.　等于等比的两比相等
11.　但　　$CD=CA$	11.　同5
12.　$\therefore$　　$DF=FE$	12.　等比的前项相等,则后项也等

（3）证这两线与同一线成比例　要证$x=y$,若题中没有已知的等线,可利用同一线a,先证$a:x=a:y$。

〔范例52〕过梯形的两对角线的交点,作底的平行线止于两腰,则这线被对角线的交点所平分。

假设: 在梯形$ABCD$中, $AD/\!/BC$, 过两对角线的交点E作$FG/\!/BC$。

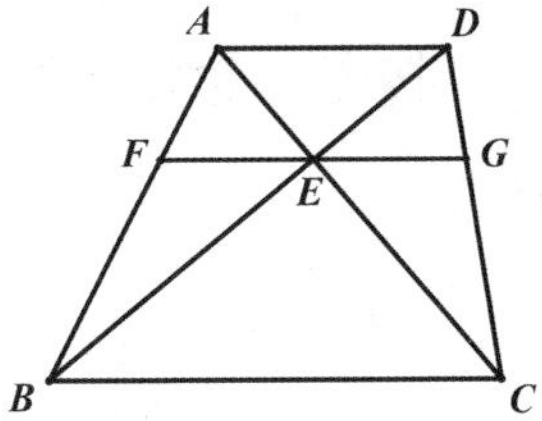

求证: $FE=EG$。

思考　要证$FE=EG$,图中虽没有已知的等线,但有一线BC,同它们都有关系。因$\triangle ABC\backsim\triangle AFE$, 故$BC:FE=AB:AF$, 同理$BC:EG=DC:DG$。这两式右边的两比是三平行线在两直线上截得的对应线段的比,可以相等,于是左边的两比也相等,即$BC:FE=BC:EG$, 由此可确定$FE=EG$。

（4）利用圆的等积线定理　根据定理"从一点到圆上作一切线和一割线,则切线的平方等于割线与其圆外线段的积",可得等积式,此式若与其他等积式比较,也可证得等线。

〔范例53〕假设: 延长两弦AB、CD交于圆外一点E, 过E

作 AD 的平行线，交 CB 的延长线于

F，从 F 作圆的切线 FG。

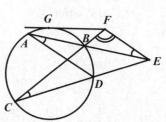

求证：$FG=FE$。

思考 根据圆的等积线定

理，知 $\overline{FG}^2=FC\times FB$，若能证 $\overline{FE}^2=FC\times FB$，就得 $FG=FE$。要证 $\overline{FE}^2=FC\times FB$，需先证 $FC:FE=FE:FB$。要证这一个比例式，只要证 $\triangle FCE \backsim \triangle FEB$，而这两个三角形的相似是极易证明的。

接着讨论用比例证两线平行的方法，通常为下列两种：

（1）利用△两边上的比例线段 从定理"一线内分（或外分）三角形的两边成比例，则与第三边平行"，可证两线平行。

〔范例54〕假设：AD 是 $\triangle ABC$ 的中线，作 $\angle ADB$、$\angle ADC$ 的角平分线，各交 AB、AC 于

E、F。

求证：$EF/\!/BC$。

思考 要证 $EF/\!/BC$，可先证

$AE:EB=AF:FC\cdots\cdots$（1），（1）式左边的比是 $\triangle DAB$ 中一角的平分线所分对边两部分的比，应等于 $AD:BD$，同理，右边的比应等于 $AD:CD$。因这两个比相等，故（1）式成立。

（2）利用相似△先证等角　根据定理"两△一组角相等，且夹等角的边成比例，则两△相似"，证得一对相似三角形后，就得等角，若这两个等角是内错角或同位角，就可证明两线平行。

〔范例55〕假设：从圆外一点P作切线PA，从PA的中点B作割线BCD，连PC、PD，各交圆于E、F。

求证：$FE \mathbin{/\mkern-4mu/} PA$。

思考　要证$FE \mathbin{/\mkern-4mu/} PA$，先证$\angle BPC = \angle E$。因$\angle E = \angle D$，故先证$\angle BPC = \angle D$也是一样。要证$\angle BPC = \angle D$，只需证$\triangle BPC \backsim \triangle BDP$。这两个三角形有一角$\angle PBC$公共，要证它们相似，需先证$BC : BP = BP : BD$。因$BP = BA$，故需证$BC : BA = BA : BD$。但$\overline{BA}^2 = BC \times BD$是有定理可以根据的，所以这一个比例式就能证明了。

研究题十三

（1）在△ABC中，作BC的平行线交AB、AC于D、E，若BD：DA=AE：EC，则AD=DB。

（2）△ABC的∠B、∠C的角平分线各交对边于D、E，若ED//BC，则△ABC是等腰三角形。

（3）一直线与△ABC的边AB，AC及BC的延长线交于D、E、F，若AE：EC=BF：CF，则D是AB的中点。

提示　从C作BA的平行线，交DEF于G，证CG：AD=CG：DB。

（4）两圆相交，从共公弦的延长线上一点所作两圆的切线相等。

（5）在△ABC的BC边上取D、E两点，使BD=CE，过A、D、E三点作圆，则从B、C所作圆的切线相等。

（6）在四边形ABCD的对角线AC上任取一点E，作EF//AB，交BC于F，作EG//AD，交CD于G，则FG//BD。

（7）过直径AB的两端作两切线，各与切于E的第三切线交于C、D，连AD、BC交于F，则EF//CA。

（8）从圆外一点P作切线PA与割线PBC，又从P向任意方向作直线PD，使等于PA，连BD、CD，各交圆于E、F，则

EF∥*PD*。

提示　先证△*PDB*∽△*PCD*，∠*PDB*=∠*PCD*。

怎样用比例证共线点和共圆点

欲证多点共线或共圆，有时需先利用比例线段证两三角形相似，由此得到等角，才能达到目的。举例如下：

〔范例56〕梯形两底的中点、两对角线的交点、和两腰延长后的交点，这四点共线。

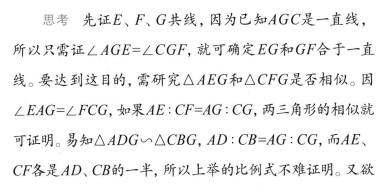

假设：梯形$ABCD$两底AD、BC的中点是E、F，对角线AC、BD交于G，延长BA、CD交于H。

求证：E、F、G、H共线。

思考　先证E、F、G共线，因为已知AGC是一直线，所以只需证$\angle AGE=\angle CGF$，就可确定EG和GF合于一直线。要达到这目的，需研究$\triangle AEG$和$\triangle CFG$是否相似。因$\angle EAG=\angle FCG$，如果$AE:CF=AG:CG$，两三角形的相似就可证明。易知$\triangle ADG\backsim\triangle CBG$，$AD:CB=AG:CG$，而$AE$、$CF$各是$AD$、$CB$的一半，所以上举的比例式不难证明。又欲

证E、F、H共线,仿上法证∠AHE=∠BHF即可。

证:连两直线EG和FG,因在△ADG和△CBG中,有两组角是平行线间的内错角,一定相等,故△ADG∽△CBG,AD:CB=AG:CG。但AE和CF各是AD和BC的一半,故可化上述比例式为AE:CF=AG:CG。又因∠EAG=∠FCG,在△AEG和△CFG中,有一角相等,而夹等角的两边成比例,故必相似,由此可确定∠AGE=∠CGF,EG和FG合于一直线。

再连两直线EH和FH,仿上法,由△ADH∽△BCH,AD:BC=AH:BH,得AE:BF=AH:BH。但∠EAH=∠FBH,故△AEH∽△BFH,从而∠AHE=∠BHF,EH和FH也合于一直线。

综合上述两个结果,知道E、F、G、H四点共线。

注意 我们以后写起证明步骤来,都可如上例尽量简单扼要,可不拘于形式,且比较浅显的理由也不必注明,重要的理由可夹叙在文句里面。

〔范例57〕假设:两线段AB、CD相交于E, AE×BE=CE×DE。

求证:A, B, C, D四点共圆。

思考 从已知的等积式可化成比例式

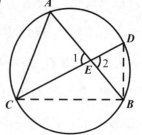

$AE : DE = CE : BE$，

题干中的四线段是 $\triangle ACE$ 和 $\triangle DBE$ 中夹 $\angle 1$ 和 $\angle 2$ 的两组边，而 $\angle 1 = \angle 2$，故 $\triangle ACE \backsim \triangle DBE$，可由 $\angle A = \angle D$ 而确定四点共圆。

证：连 AC、DB 和 CB，在 $\triangle ACE$、$\triangle DBE$ 中，因两个对顶角 $\angle 1 = \angle 2$，又由假设知相夹这两角的边成比例，故 $\triangle ACE \backsim \triangle DBE$，$\angle A = \angle D$。但 $\angle A$、$\angle D$ 是同底的两个三角形 ACB、DCB 的顶角，故 A、B、C、D 四点共圆。

研究题十四

（1）两线段AB、CD延长相交于E，$AE \times BE = CE \times DE$，则$A$、$B$、$C$、$D$四点共圆。

（2）相离的两圆O和O'，半径OA和$O'A'$同向平行，外公切线BB'和AA'各延长相交于一点，则这点和O、O'共线。

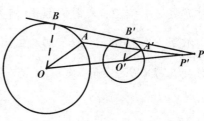

提示　若BB'交OO'于P，AA'交OO'于P'，则由相似△得$OP:O'P = OB:O'B'$，$OP':O'P' = OA:O'A'$，故$OP:O'P = OP':O'P'$。由分比定理得$OO':O'P = OO':O'P'$，故$O'P = O'P'$，P'合于P。

（3）如上题，OA和$O'A'$反向平行，由公切线BB'交AA'于一点，则这点和O、O'共线。

（4）两圆相切于P，一圆的弦AB延长交内公切线于E，过A、B任作一圆交另一圆于C、D。则C、D、E共线。

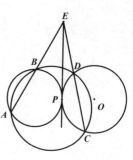

提示　连EC，交$\odot O$于D'，应用（1）题证A、B、C、D共圆。

怎样证平方或积的和差关系

证诸线段平方的和差关系, 主要是下列的两法:

(1)利用勾股定理　根据定理"$Rt\triangle$斜边的平方, 等于两条直角边平方的和", 列式加减, 可证平方的和差关系。如范例58的证法一。

(2)利用中线定理　根据定理"$\triangle$两边平方的和, 等于第三边的一半的平方与这边上中线平方的和的二倍", 也可以证平方的和差关系。如范例58的证法二。

〔范例58〕从矩形内(或外)的任意一点到两对角顶连线的平方和相等。

假设: $ABCD$是矩形, 矩形内(或外)一点P与各顶点连结。

求证: $\overline{PA}^2 + \overline{PC}^2 = \overline{PB}^2 + \overline{PD}^2$。

思考一　利用矩形的各角都是直角, 过P作$EF//AB$, 使PA、

PB、PC、PD都做 $Rt\triangle$ 的斜边，根据勾股定理得 $\overline{PA}^2 = \overline{AE}^2 + \overline{PE}^2$，

$\overline{PC}^2 = \overline{CF}^2 + \overline{PF}^2$，相加得 $\overline{PA}^2 + \overline{PC}^2 = \overline{AE}^2 + \overline{CF}^2 + \overline{PE}^2 + \overline{PF}^2$。同理

$\overline{PB}^2 + \overline{PD}^2 = \overline{BF}^2 + \overline{DE}^2 + \overline{PE}^2 + \overline{PF}^2$。因 $AE=BF$，$CF=DE$，故题中的等

式可以证明。

思考二　利用矩形的两对角

线相等，且互相平分于 O，连

PO，则 PO 可做 $\triangle PAC$、PBD 的中线。

根据中线定理得 $\overline{PA}^2 + \overline{PC}^2 = 2(\overline{AO}^2 + \overline{PO}^2)$，$\overline{PB}^2 + \overline{PD}^2 = 2(\overline{BO}^2 + \overline{PO}^2)$。

因 $AO=BO$，故题中的等式可以成立。

　　证诸线段的积的和差关系，主要是下列三法：

　　（1）利用相似三角形　从相似三角形的比例线段可得

等积式，把几个等积式加减就得。

　　〔范例59〕圆的内接四边形两

组对边的积的和，等于两对角线的

积（本题叫作 *Ptolemy* 定理）。

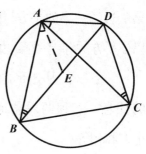

　　假设：$ABCD$ 是圆的内接四边

形。

　　求证：$AB \times CD + AD \times BC = AC \times BD$。

　　思考　欲得 AB、CD 的积，需使 AB 和 CD 成一对相似三角

形的边。要达到这目的，必须作 AE，使 $\angle BAE = \angle CAD$。从

$\triangle ABE \backsim \triangle ACD$，得 $AB : AC = BE : CD$，$AB \times CD = AC \times BE$……

（1）。又欲得AD、BC的积，从图分析，知道$\triangle AED \backsim \triangle ABC$，$AD:AC=ED:BC$，$AD \times BC=AC \times ED \cdots\cdots$（2）。（1）（2）相加，就得欲证的等式。

证：作AE，交BD于E，使$\angle BAE=\angle CAD \cdots\cdots$（1），两边各加$\angle EAC$，得$\angle BAC=\angle EAD \cdots\cdots$（2）。因同弧所对的圆周角相等，故$\angle ABE=\angle ACD \cdots\cdots$（3），$\angle ACB=\angle ADE \cdots\cdots$（4）。由（1）（3）得$\triangle ABE \backsim \triangle ACD$，$AB:AC=BE:CD$，$AB \times CD=AC \times BE \cdots\cdots$（5）。同理，由（2）（4）得$\triangle AED \backsim \triangle ABC$，$AD \times BC=AC \times ED \cdots\cdots$（6）。（5）（6）相加，得$AB \times CD+AD \times BC=AC \times BE+AC \times ED=AC \times (BE+ED)=AC \times BD$。

（2）利用图中的等积线 根据前述的切线与割线的等积定理，或"两弦相交于圆内（或圆外），被交点所分两部分的积相等"，也可以证诸线积的和差关系。

〔范例60〕假设：在锐角三角形ABC中，高BE、CF交于H。

求证：$BA \times BF+CA \times CE=\overline{BC}$，$BE \times BH+CF \times CH=\overline{BC}^2$。

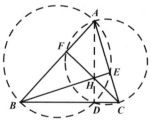

思考 欲得$BA \times BF$，$CA \times CE$两个积，必使FA、EA做圆的弦。作第三高AD，则A、F、D、C四点共圆，A、E、D、B四点共圆，从圆中的等积线定理，得$BA \times BF=BC \times BD$，

$CA \times CE = BC \times DC$。两式相加，就得欲证的第一等式。第二个等式的证法可依此类推。

（3）利用其他定理　根据定理"三角形锐角（或钝角）对边的平方，等于其他两边平方的和减去（或加上）这两边中的一边与另一边在这边上的射影的积的两倍"，或"□两对角线平方的和，等于四边平方的和"，也可以证明诸线平方或积的和差关系。

〔范例61〕等腰梯形一对角线的平方，等于一腰的平方加上两底的积。

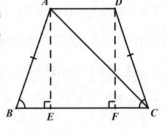

假设：$ABCD$是等腰梯形，$AD // BC$，$AB = CD$。

求证：$\overline{AC}^2 = \overline{AB}^2 + BC \times AD$。

思考　因为等腰梯形的对角相补，故$\angle B$、$\angle D$中必有一角是锐角，另一角是钝角。如果$\angle B$是锐角，则引$AE \perp BC$，可得$\overline{AC}^2 = \overline{AB}^2 + \overline{BC}^2 - 2BC \times BE$，此式和欲证的等式比较，知道首两项相同，只需把后两项化作$BC \times AD$。分解后两项的因式，得$\overline{BC}^2 - 2BC \times BE = BC(BC - 2BE)$。剩下的问题是证$BC - 2BE = AD$。因为等腰梯形的底角相等，故引$DF \perp BC$，由全等的直角三角形可得$BE = CF$，$BC - 2BE = BC - BE - CF = EF$，而$EF = AD$（矩形的对边），故目的可以达到。

研究题十五

(1) 在 $Rt\triangle ABC$ 中，一直线交两直角边 AB、AC 于 D、E，则

$$\overline{CD}^2 + \overline{BE}^2 = \overline{BC}^2 + \overline{DE}^2 。$$

(2) AD 是 $\triangle ABC$ 的高，E 是 AD 上的任意点，则

$$\overline{AB}^2 - \overline{AC}^2 = \overline{EB}^2 - \overline{EC}^2 。$$

提示　证两端各等于 $\overline{DB}^2 - \overline{DC}^2$。

(3) 直角梯形（即一腰垂直于底的梯形）两对角线平方的差，等于两底平方的差。

(4) 圆的两弦垂直，则被交点分成的四线段的平方的和，等于直径的平方。

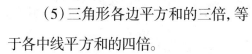

提示　如图连线，注意 $CB=DF$。

(5) 三角形各边平方和的三倍，等于各中线平方和的四倍。

（4）

(6) 四边形 $ABCD$ 的对角线，AC、BD 的中点是 E、F，则

$$\overline{AB}^2 + \overline{BC}^2 + \overline{CD}^2 + \overline{DA}^2 = \overline{AC}^2 + \overline{BD}^2 + 4\overline{EF}^2 。$$

提示　连 EB、ED，设法利用中线定理。

(7) 圆的内接四边形 $ABCD$ 中，若 $BC=CD$，则

$$AB \times AD + \overline{BC}^2 = \overline{AC}^2 。$$

提示　找出两对相似三角形, 分别证 $AB \times AD = \cdots\cdots$,
$\overline{BC}^2 \cdots\cdots$。

（8）从直径 AB 的两端在同侧作两弦 AC、BD 交于 E, 则

$$AC \times AE + BD \times BE = \overline{AB}^2 。$$

（9）梯形两对角线平方的和, 等于两腰平方的和, 加上两底积的二倍。

提示　仿〔范例61〕可得二式, 相加即得。

（10）$\triangle ABC$ 的两边 AB、AC 的
长是 c、b, 夹角平分线 AD 的长是 t_a,
BD、DC 的长是 m、n 则

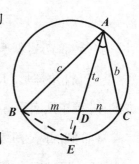

$$t_a{}^2 = bc - mn 。$$

提示　延长 AD 交 $\triangle ABC$ 的外接圆
于 E, 则

$$\triangle ABE \backsim \triangle ADC, \quad bc = t_a \times AE = t_a(t_a + l) 。$$

（11）$\triangle ABC$ 的三边 BC、CA、AB 的长是 a、b、c, 中线
CD 的长是 m_c, 则 $m_c = \dfrac{1}{2} \sqrt{2(a^2 + b^2) - c^2}$ 。

提示　延长 CD 到 E, 使 $DE = CD$, 则 $AFBC$ 是▱, 可应用▱
两对角线平方和的定理。

（12）四边形两对角线的平方的和, 等于两组对边中点
连线的平方和的二倍。

提示　顺次连四边形各边中点的四直线, 组成一个▱。

怎样证面积相等

关于面积相等的定理虽然很多, 但在证题时所常用的, 不过下举的数种:

(1)利用等底等高三角形 根据定理"若两三角形等底而且等高, 则面积相等", 应用最多的是如图(a)所示的形式, 两三角形的底边公共, 顶点同在底的一条平行线上。又如图(b)(c)是顶点公共, 底相等且在一直线上, 图(d)则兼有上举两种情形, 在应用上较少。

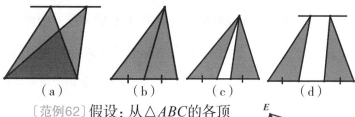

（a）　　　（b）　　　（c）　　　（d）

〔范例62〕假设: 从△ABC的各顶点作三平行线AD、BE、CF, 各与对边或其延线交于D、E、F。

求证: $S_{\triangle DEF}=2S_{\triangle ABC}$。

思考 △DEF可分为三部分。其中的一部分是△ADE，与△ADB同底等高，故$S_{\triangle ADE}=S_{\triangle ADB}$……（1）。同理$S_{\triangle ADF}=S_{\triangle ADC}$……（2）。因这两式右边的和恰为△ABC，故只需再证$S_{\triangle AEF}=S_{\triangle ABC}$，就可与（1）（2）两式相加而得欲证的等式。要证$S_{\triangle AEF}=S_{\triangle ABC}$，从图分析，知$S_{\triangle CFE}=S_{\triangle CFB}$，两边各减去△CFA即可。

（2）利用等底等高的△与▱　应用定理"△的面积等于等底等高的▱的一半"也可证面积相等。

〔范例63〕试用面积证勾股定理。

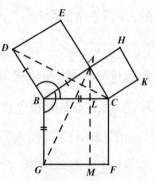

假设：在△ABC中，∠A=90°，在各边上向外作正方形ABDE、BCFG、CAHK。

求证：$S_{ABDE}+S_{CAHK}=S_{BCFG}$。

思考 连CD，则ABDE与△BCD同以BD为底，AB为高，故$S_{ABDE}=2S_{\triangle BCD}$……（1）。再连AG，易证△BCD≌△BGA，全等三角形当然等积，故再作ALM⊥BC，与（1）同理，得$S_{BLMG}=2S_{\triangle BGA}$……（2）。比较（1）（2），就得$S_{ABDE}=S_{BLMG}$。同法可证$S_{CAHK}=S_{LCFM}$，相加就成。

（3）利用等高△面积的比　因"等高三角形面积的比等于底的比"，故在下例的图中，若$BE:EC=m:n$，则

$S_{\triangle ABE} : S_{\triangle AEC} = m : n$。

〔范例64〕假设：在△ABC的各边AB、BC、CA上取AD、BE、CF各等于边的$\frac{1}{3}$。

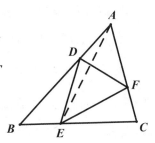

求证：$S_{\triangle DEF} = \frac{1}{3} S_{\triangle ABC}$。

思考　因△DEF与△ABC没有直接关系，故需利用别的△介绍。要证$S_{\triangle DEF} = \frac{1}{3} S_{\triangle ABC}$，可先证$S_{\triangle BED} + S_{\triangle CFE} + S_{\triangle ADF} = \frac{2}{3} S_{\triangle ABC}$。分析△$BED$与△$ABC$的关系，需连$AE$，用△$ABE$来介绍，因为这两个三角形与△$ABE$都有等高的关系。

证：连AE，已知$BE = \frac{1}{3} BC$，BE和BC各是△ABE和△ABC的底，而这两个△等高，故由定理得$S_{\triangle ABE} = \frac{1}{3} S_{\triangle ABC}$。又因$BD = \frac{2}{3} AB$，故$S_{\triangle BED} = \frac{2}{3} S_{\triangle ABE} = \frac{2}{3} \times \frac{1}{3} S_{\triangle ABC} = \frac{2}{9} S_{\triangle ABC}$。同理，$S_{\triangle CFE} = \frac{2}{9} S_{\triangle ABC}$，$S_{\triangle ADF} = \frac{2}{9} S_{\triangle ABC}$，故由全量减去部分，得

$$S_{\triangle DEF} = \left(1 - 3 \times \frac{2}{9}\right) S_{\triangle ABC} = \frac{1}{3} S_{\triangle ABC}。$$

(4)利用△两边中点的连线　因△三个中点顺次的连线分原图形为四个全等△，故每一连线截下的一个小△是原△的四分之一。这一个关系在证面积相等时也是常用的。

〔范例65〕假设：四边形$ABCD$的两条对角线AC、BD的中点是M、N，作$MO /\!/ DB$，$NO /\!/ AC$，各边的中

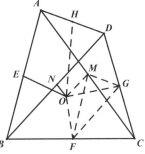

点E、F、G、H与O分别连接。

求证: OE、OF、OG、OH分ABCD为四等份。

思考　连MF、MG, 则$S_{\triangle MFC}=\frac{1}{4}S_{\triangle ABC}$, $S_{\triangle MGC}=\frac{1}{4}S_{\triangle ADC}$, 即得四边形$S_{MFCG}=\frac{1}{4}S_{ABCD}$。要证$S_{CFCG}=\frac{1}{4}S_{ABCD}$, 只需先证$S_{MFCG}=S_{OFCG}$。分析这两个四边形有一部分$\triangle FCG$公共, 故只需证$S_{\triangle MFG}=S_{\triangle OFG}$即可。因$FG /\!/ BD /\!/ OM$, 故$\triangle MFG$和$\triangle OFG$同底等高, 一定等积。

研究题十六

（1）在 $\square ABCD$ 中，作对角线 BD 的平行线，交 BC 于 E，交 CD 于 F，则 $S_{\triangle ABE}=S_{\triangle ADF}$。

（2）以梯形的一腰为底，另一腰的中点为顶点的三角形的面积，等于梯形面积的一半。

（3）从 $\square ABCD$ 的顶点 A 作一直线交 BC 于 E，交 DC 的延长线于 F，则

$$S_{\triangle ABF}=S_{\triangle ADE}, \quad S_{\triangle ECD}=S_{\triangle BEF}。$$

（4）延长 $\triangle ABC$ 的边 AB 到 D，BC 到 E，CA 到 F，使 $AB=BD$，$BC=CE$，$CA=AF$，则

$$S_{\triangle DEF}=7S_{\triangle ABC}。$$

（5）$\triangle ABC$ 的中线 AD、BE 交于 F，则 $S_{\triangle DEF}=\frac{1}{2}S_{\triangle CEF}=\frac{1}{3}S_{\triangle CED}=\frac{1}{4}S_{\triangle ABF}$。

提示　$AF:FD=2:1$，$BF:FE=2:1$。

（6）在梯形 $ABCD$ 中，两底 $AD\backslash BC$ 的中点是 $E\backslash F$，在 EF 上任取一点 O，则

$$S_{\triangle OAB}=S_{\triangle OCD}。$$

提示　过 O 引底的平行线，交两腰于 G、H，则 $GO=OH$。

（7）以三角形的三中线为边的三角形，面积等于原三

角形的四分之三。

提示 三中线 AD、BE、CF 相交于 G，取 CG 的中点 H，则 $\triangle DGH$ 的三边各为三中线的 $\frac{1}{3}$，两积是以三中线为边的三角形的 $\frac{1}{9}$，但 $S_{\triangle DGH}$ 又是 $S_{\triangle ABC}$ 的 $\frac{1}{12}$。

（8）▱$ABCD$ 四边 AB、BC、CD、DA 的中点顺次是 E、F、G、H，四直线 AG、BH、CE、DF 相交于 K、L、M、N，则 $KLMN$ 的面积是 ▱$ABCD$ 的五分之一。

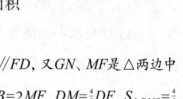

提示 易证 $AG /\!/ EC$，$BH /\!/ FD$，又 GN、MF 是 $\triangle$ 两边中点的连线，故 $DN = NM = KL = LB = 2MF$，$DM = \frac{4}{5} DF$，$S_{\triangle DMC} = \frac{4}{5} S_{\triangle DFC}$。但 $S_{\triangle DFC} = \frac{1}{4} S_{▱ABCD}$，故 $\triangle DMC = \frac{1}{5} S_{▱ABCD}$。

（9）在正方形 $ABCD$ 中，CD、DA 的中点顺次是 E、F，BE 和 CF 相交于 G，则 $S_{\triangle BCG} = \frac{1}{5} S_{ABCD}$。

利用计算的证题法

有些几何证明题, 必须根据定理, 算出某些角的度数、某些线段或弧的长度, 或某些图形的面积, 才能达到证题的目的。这就是几何计算的问题。

〔范例66〕假设: 正方形 ABCD的对角线AC、BD相交于 O, 以A、B、C、D为圆心, AO为 半径作弧, 交各边于E、F、G、H、 K、L、M、N。

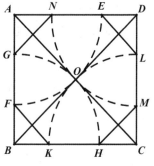

求证: NGFKHMLE是正八边形。

思考 要证NGFKHMLE是正八边形, 可先证它的各角都是135°。要达到这一目的, 只需证四角截去的是等腰直角三角形, 它的底角是45° 即可。其次证这八边形的各边相等, 最便利的方法是利用勾股定理, 算出各边的长, 再加以比较就行。

证：因为正方形的两对角线被交点分成的四线段相等，故$BG=BO=DO=DN$。由$AB=AD$减去上式，得$AG=AN$，故$\triangle AGN$是等腰直角三角形，$\angle AGN$和$\angle ANG$各是45°，从而知$\angle FGN$和$\angle ENG$各是135°。同理，八边形$NGFKHMLE$的其他六角也等于135°，这是一个等边八边形。

设原正方形的边长是a，则由勾股定理，得对角线的长$DB=\sqrt{a^2+a^2}=\sqrt{2}a$。于是知$DN=DO=\frac{\sqrt{2}}{2}a$，$AN=(1-\frac{\sqrt{2}}{2})a$。同理，$DE=(1-\frac{\sqrt{2}}{2})a$。

$$\therefore NE=a-2(1-\frac{\sqrt{2}}{2})a=(\sqrt{2}-1)a。$$

又在等腰直角三角形AGN中，已知腰长是$(1-\frac{\sqrt{2}}{2})a$。

$$\therefore GN=\sqrt{2\left[\left(1-\frac{\sqrt{2}}{2}\right)a\right]^2}=\sqrt{2}(1-\frac{\sqrt{2}}{2})a=(\sqrt{2}-1)a。$$

同理，知其他各边也等于$(\sqrt{2}-1)a$，这八边形是等边八边形。

综合上面的两个结果，可证明$NGFKHMLE$是正八边形。

〔范例67〕假设：$\odot O$上的$\overset{\frown}{ABC}$=120°，过A、C引两切线相交于D，作$\odot P$切于AD、CD和$\overset{\frown}{ABC}$。

求证：$\odot P$的周长等于$\overset{\frown}{ABC}$。

思考　设$\odot O$的半径是R，可算出$\overset{\frown}{ABC}$的长。过两圆的切点B作公切线

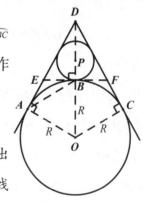

EF，则$\triangle DEF$是正三角形，$PB=\frac{1}{3}DB$。又因$\triangle AOB$也是正三角形，可证得$DB=BO=R$，于是可求$\odot P$的半径PB，从而算出$\odot P$的周长。

证：连DO，因DO平分$\angle D$，故必过P点，且过两圆的切点B。连AB，因DO平分$\angle AOC$，故$\angle AOB=60°$，$\triangle AOB$是正三角形。但$\triangle AOD$是$Rt\triangle$，故$BO=AB=BD$。过B作两圆的内公切线EF，则$EF\perp DO$，故$DE=DF$。又在四边形$DAOC$中，因$\angle A=\angle C=90°$，$\angle O=120°$，故$\angle D=60°$，于是$\triangle DEF$是正三角形。设$OA=OB=R$，则$BD=R$，因正三角形内切圆的半径是高的$\frac{1}{3}$，故$PB=\frac{1}{3}DB=\frac{1}{3}R$，$\odot P$的周长是$2\pi\times PB=2\pi\times\frac{1}{3}R=\frac{2}{3}\pi R$。又因$\overset{\frown}{ABC}=\frac{120}{360}\times 2\pi R=\frac{2}{3}\pi R$，故$\odot P$的周长等于$\overset{\frown}{ABC}$的长。

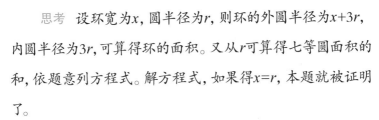

〔范例68〕假设：七个等圆相切，被包于一环中，七等圆面积的和等于环的面积。

求证：环宽等于圆半径。

思考　设环宽为x，圆半径为r，则环的外圆半径为$x+3r$，内圆半径为$3r$，可算得环的面积。又从r可算得七等圆面积的和，依题意列方程式。解方程式，如果得$x=r$，本题就被证明了。

证：因圆和圆的切点必在中心线上，故设七等圆的半径为r，环宽为x，则环的外圆半径为x+3r，内圆半径为3r，环的面积是

$$\pi(x+3r)^2 - \pi(3r)^2 = \pi(x^2+6rx)。$$

但七等圆面积的和是$7\pi r^2$，依题意得方程式

$$\pi(x^2+6rx) = 7\pi r^2。$$

化简得 $x^2+6rx-7r^2=0$，

即$(x-r)(x+7r)=0$。

∴$x=r$，或$x=-7r$。

在上述两式中，后式不合理，故由前式知环宽等于圆半径。

研究题十七

(1) 在等腰直角三角形 ABC 的斜边 BC 上取 D、E 两点,使 $BE=AB$, $CD=AC$, 则 $\angle DAE = \frac{1}{2} \angle BAC$。

(2) 等腰三角形的顶角是 $36°$, 则一底角的平分线分原图形成两个等腰三角形。

(3) $\triangle ABC$ 三边的长是 a、b、c, 内切圆半径是 r, 若以 s 表 $\frac{1}{2}(a+b+c)$, 以 $\triangle$ 表 $\triangle ABC$ 的面积, 则 $r = \frac{\triangle}{s}$。

提示　设内切圆的中心是 O, 则 $S_{\triangle OBC} = \frac{1}{2}ar$, $S_{\triangle OCA} = \frac{1}{2}br$, $S_{\triangle OAB} = \frac{1}{2}cr$, 三式相加。

(4) 同上题, 又以 r_a、r_b、r_c 表 $\triangle ABC$ 的 a、b、c 三边外的旁切圆的半径, 则 $r_a = \frac{\triangle}{s-a}$, $r_b = \frac{\triangle}{s-b}$, $r_c = \frac{\triangle}{s-c}$。

(5) 同上, 以 R 表 $\triangle ABC$ 外接圆的半径, 则 $R = \frac{abc}{4\triangle}$。

提示　设 a 边上的高是 h_a, 由研究题十二 (9) 得 $bc = 2Rh_a$, 又由三角形求面积的公式, 可得 $\triangle = \frac{1}{2}ch_a$

(6) 同前, 求证 $\frac{1}{h_a} + \frac{1}{h_b} + \frac{1}{h_c} = \frac{1}{r}$。

提示　用面积和边长来表示各高。

(7) 同前, 求证 $\frac{1}{r_a} + \frac{1}{r_b} + \frac{1}{r_c} = \frac{1}{r}$

(8) 在不等的两圆中, 等长的弧所对圆心角的比等于两圆半径的反比。

（9）分圆的直径为若干等份，以直径的一端与各分点间的线段为直径，在直径的上方作半圆；再以直径的另一端与各分点间的线段为直径，在直径的下方作半圆。求证（a）这许多半圆分原圆所成的许多曲线形的面积相等；（b）各曲线的周长等于原圆的周长。

（10）AB、CD是互相垂直的两条直径，以D为圆心，AD为半径作$\overset{\frown}{AMB}$，交CD于M，求证月牙形$AMBC$的面积等于△ABD的面积。

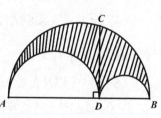

提示　先证半圆$AOBC$的面积等于扇形$DAMB$的面积。

（11）在半圆周上任取一点C，引CD垂直于直径AB，又以线段AD、DB为直径，在半圆内作两个半圆，则三个半圆周间的面积等于以CD为直径的圆的面积。

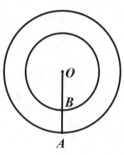

（12）分⊙O的半径OA于B，使成外中比（即大线段OB是全线OA和小线段AB的比例中项），以OB为半径作同心圆，则⊙O被这同心圆的圆周分成外中比（即环的面积是原圆面积和同心

圆面积的比例中项）。

提示　因 $OA:OB=OB:AB$，故 $\overline{OB}^2=OA\times AB$，又
环的面积 $=\pi(\overline{OA}^2-\overline{OB}^2)=\pi(\overline{OA}^2-OA\times AB)=\pi\times OA(OA-AB)=\pi\times OA\times OB$，

∴　原圆:环 $=\pi\times\overline{OA}^2:\pi\times OA\times OB=OA:OB$，

环:同心圆 $=\pi\times OA\times OB:\pi\times\overline{OB}^2=OA:OB$。

怎样证定值问题和极大极小问题

　　图形的一部分固定,而另一部分可以变动,其中两变动线段的和、差、积、比或夹角,往往有一定的值,这样的问题就是定值问题。欲证定值问题,必先找出这一定值等于哪一固定线,哪两固定线的积、比或夹角。

　　〔范例69〕假设:两定圆相交于 A、B 两点,过 A 引一任意割线 CAD。

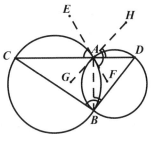

　　求证:$\angle CBD$ 是定值。

　　思考　割线 CAD 是过定点 A 且可以变动的直线,$\angle CBD$ 是以定点 B 为顶点而两边也可以变动的角。我们研究 $\angle CBD$ 能否和一个固定的角相等,应该连公共弦 AB,分 $\angle CBD$ 成两部分,这两部分各是一圆的圆周角,于是可由弦切角的定理,确定 $\angle CBD$ 等于过 A 所引两圆的两切线的夹角。因这两切线的位置固定,故 $\angle CBD$ 是定值。

证: 连AB, 过A在两圆上各引一切线EF和GH。由"弦切角等于夹同弧的圆周角"的定理, 得$\angle ABC=\angle CAE=\angle DAF$, $\angle ABD=\angle CAG$, 两式相加, 得$\angle CBD=\angle HAF$。因为无论割线CAD的位置怎样, 切线EF和GH常固定, 即$\angle HAF$是定角, 故$\angle CBD$是一个定值。

在符合某条件的一切几何图形(最简单的是线段)中, 最大的叫作极大, 最小的叫作极小。要证明某图形是极大或极小的问题, 叫作极大极小问题。

证明关于线段的极大极小问题, 通常用下面三条定理:

(1)两点间的线以直线段极小。

(2)从一点到一直线的诸线, 以垂线为极小。

(3)过圆周上一点的诸弦, 以过这点的直径为极大。

〔范例70〕假设: 过相交两定圆O和O'的一交点A引诸割线, 其中的一条PQ平行于OO'。

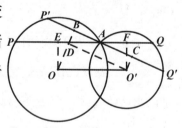

求证: PQ为极大。

思考　过A任意引一不平行于OO'的割线$P'Q'$, 从O、O'各作它的垂线OB、$O'C$, 则B和C各平分弦AP'和AQ', 故

$P'Q' = AP' + AQ' = 2AB + 2AC = 2BC$。

又从 O' 引 $O'D \perp OB$, 则 $O'D /\!/ P'Q'$。但 $OB /\!/ O'C$, 故 $O'DBC$ 是平行四边形, $P'Q' = 2BC = 2O'D$。

再作 OE、$O'F$ 各垂直于 PQ, 仿上法可证 $PQ = 2OO'$。

因 $O'D \perp OB$, 故 $OO' > O'D$, 于是 $PQ > P'Q'$。既然 PQ 比过 A 而不平行于 OO' 的任意割线大, 那么 PQ 在过 A 所引的诸割线中为极大。

研究题十八

（1）从等腰三角形底边延长线上的任意一点，到两腰距离的差是定值。

提示　参阅研究题五(1)。

（2）从一点 O 引三射线 OA、OB、OC，一动点 P 在 OB 上移动，$PD \perp OA$，$PE \perp OC$，则 $PD : PE$ 是定值。

（3）在定圆的直径 AB 的延长线上有一定点 C，引 $CD \perp AC$，从 A 引一任意直线，交 CD 于 E，交圆周于 F，则 $AE \times AF$ 是定值。

提示　AB 和 AC 都是固定线段，试找出一对相似 △，证比例线段。

（4）两个固定的同心圆的中心是 O，一圆的直径是 AB，另一圆上有一任意点 P，则 $\overline{PA}^2 + \overline{PB}^2$ 是定值。

提示　两圆的半径的长是定值，试利用中线定理，以两圆的半径表示 $\overline{PA}^2 + \overline{PB}^2$。

（5）过定圆 O 内一定点 P 引诸弦，其中的一弦 AB 垂直于过 P 的直径，则 AB 为极小。

（6）相离两圆的中心线 OO' 交两圆周于 A、A'，又向两方延长 OO'，交两圆周于 B、B'，则 AA' 是两圆周间的长短距离；BB' 是两圆周间的最大距离。

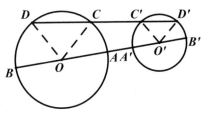

提示 折线 $OCC'O'$ >线段 $OAA'O'$，引一直线，和圆周相交，在 O、P 间的一交点为 A，另一交点为 B，则 PA 是从 P 到圆周的最短距离，PB 是从 P 到圆周的最大距离。

证题杂法

依各种不同的终结, 把证明题分类, 除前面所举的以外, 其他还很多。我们对前述各法如果能够熟练, 学会融会贯通, 证其他各类问题也不会感觉困难了。现在不再分节记叙, 仅在这里略举一些例子。

譬如要证某图形是正方形, 可先利用证两线平行的方法, 证这图形是平行四边形, 再用证两线相等的方法, 证它的两邻边相等。又用证两线垂直的方法, 证它的两邻边夹直角, 连续使用前述的三种证题法, 就可解决这一问题。

〔范例71〕假设: 正方形 $ABCD$ 的各边 CD、DA、AB、BC 的中点顺次是 A'、B'、C'、D'。AA'、BB'、CC'、DD' 相交于 E、F、G、H。

求证: $EFGH$ 是正方形。

思考从略。

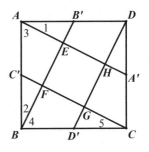

证：因 AC' 和 $A'C$ 是正方形一组对边的半长，故 AC' ⫫ $A'C$，$AC'CA'$ 是▱，AA' ∥ $C'C$。同理，BB' ∥ $D'D$，故 $EFGH$ 是▱。

在 $Rt\triangle AA'D$ 和 $Rt\triangle BB'A$ 中，易知两直角边相等，故两三角形全等，从而 $\angle 1 = \angle 2$，$\angle 3 = \angle 4$（等角的余角相等）。同前理，$\angle 2 = \angle 5$，故 $\triangle ABE$ 和 $\triangle BCF$ 全等，$AE = BF$。又在 $\triangle ADH$ 中的 $B'E$ 和 $\triangle ABE$ 中的 $C'F$ 都是过一边中点而平行于另一边的直线，故 $AE = EH$，$BF = FE$。于是 $EH = FE$，$EFGH$ 是菱形。

从上面的证明，$\angle 1 = \angle 2$，而 $\angle 1 + \angle 3 = 90°$，故 $\angle 2 + \angle 3 = 90°$，$\angle FEH = 90°$，$EFGH$ 是矩形。

综合以上各结果，可确定 $EFGH$ 是正方形。

要证两弧相等，可利用证等线的方法，先证它们所对的两弦相等；或用证等角法，先证它们所对的圆周角（或圆心角）相等；或用证平行线法，先证截下这两弧的两弦平行。

〔范例72〕假设：在四分之一圆 AOB 的半径 OA、OB 上，各向内作半圆，两半圆相交于 C。

求证：$\overparen{AC} = \overparen{CO} = \overparen{CB}$。

思考 因 $OA = OB$，故两半圆相等。要解决本题，只需先证 $AC = CO = CB$。要达到这目的，须证$\angle CAO = \angle COA$，$\angle CBO = \angle COB$。因$\angle ACO$和$\angle BCO$各是90°，故$\angle OAC$、$\angle CBO$等都是45°。

证：连AC、OC、BC，则$\angle ACO$、$\angle BCO$都是半圆所含的圆周角，各为90°，故A、C、B共线，在$\triangle OAB$中，$\angle O = 90°$，$OA = OB$，故$\angle ABO = \angle BAO = 45°$。在$\triangle ACO$中，已知一角是90°，另一角是45°，故$\angle AOC = 45°$。于是知$\angle BAO = \angle AOC$，$AC = CO$，$\overset{\frown}{AC} = \overset{\frown}{CO}$。同理，$\overset{\frown}{CO} = \overset{\frown}{CB}$。

有些关于面积的证明题，必须和比例联系；反过来，关于比例的证明题，又需联系到面积。下面举一个例子：

〔范例73〕在梯形$ABCD$中，$AD /\!/ BC$，两对角线相交于O，$S_{\triangle OBC} = p^2$，$S_{\triangle OAD} = q^2$。

求证：$S_{ABCD} = (p+q)^2$。

思考　欲证的等式就是

$S_{ABCD} = p^2 + 2pq + q^2$，

从假设知道，必须先证

$S_{\triangle OAB} = S_{\triangle OCD} = 2pq$。

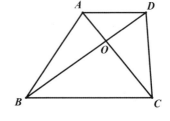

但由$S_{\triangle ABC} = S_{\triangle DBC}$，可得$S_{\triangle OAB} = S_{\triangle OCD}$，故需先证$S_{\triangle OAB} = pq$。因$pq$是$p^2$和$q^2$的比例中项（即$p^2 : pq = pq : q^2$，$p^2 q^2 = p^2 q^2$），故应证

$S_{\triangle OBC} : S_{\triangle OAB} = S_{\triangle OAB} : S_{\triangle OAD}$。

上边左边的两三角形等高，其面积比等于两底的比，即

等于$CO:OA$。同理，右边两三角形的面积比等于$BO:OD$。如果能证

　　　$CO:OA=BO:OD$，

　　本题就可解决。这四线段是一对相似三角形的对应边，所以这比例式是成立的。

研究题十九

（1）在正方形$ABCD$的各边上取$AA'=BB'=CC'=DD'$则$A'B'C'D'$是正方形。

（2）矩形$ABCD$各角的平分线相交于E、F、G、H，则$EFGH$是正方形。

（3）$Rt\triangle ABC$的直角C的平分线交斜边于D，作$DE\perp BC$，$DF\perp AC$，则$DECF$是正方形。

（4）延长正三角形ABC的各边：使$AA'=BB'=CC'$，则$\triangle A'B'C'$是正三角形。

（5）过菱形两对角线的交点作各边的垂线，则四垂足可连成一矩形。

（6）延长两弦AB、CD相交于O，作$\angle O$的平分线交$\overset{\frown}{AC}$、$\overset{\frown}{BD}$于E、F，则$\overset{\frown}{AE}-\overset{\frown}{BF}=\overset{\frown}{CE}-\overset{\frown}{DF}$。

提示　过F作平行于AB、CD的两弦。

（7）P是$\square ABCD$对角线BD上的任意点，$PE\perp AB$，$PF\perp BC$，则$PE:PF=BC:AB$。

提示　$S_{\triangle ABP}=S_{\triangle BCP}$，即$\frac{1}{2}AB\times PE=\frac{1}{2}BC\times PF$。

（8）以$\odot O$的半径OA为直径作圆，交弦AB于C，则$S_{弓形AMB}:S_{弓形ANC}=4:1$。

提示：P、C各是AO、AB的中点，则$S_{扇形OAMB}:S_{扇形PANC}=4:1$，$S_{\triangle OAB}:S_{\triangle PAC}=4:1$。

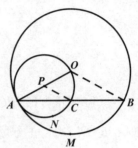

三 定理和证题法的活用

定理的变通

　　几何学上的定理（包括证明题）非常繁多，证题法又千变万化，在前面虽已分类举示，并详细讨论，但是终究还算不得完备。学习几何的人，除对有一定法则可循的各种证题法，必须熟练外，还需发挥创造的能力，把定理和证题法灵活运用，才能获得进步。活用定理和证题法有没有什么诀窍呢？这一个问题是很难回答的，因为它没有绝对的标准，要说也无从说，这要靠学者自己努力去发现它。这里就作者所想得到的，提供一些资料，给读者作为参考。

　　现在先来谈一谈定理的变通。书本上所讲的几何定理，仅仅是一些常用的和比较重要的，我们在证题时，除必须应用这些定理外，还要在习题中选取重要的来运用。不但如此，有时更需把书中所有的定理或习题加以变通，使证法可以变得简捷。善于活用定理的人，往往能创造许多新的定理，有了这样的定理，不但可以简化证法，还能在寻觅证法时避免烦琐而获得捷径, 从而使证法易于发现。

例如, 研究题四的(6)题, 是

假设: 四边形$ABCD$内接于一圆, 又外切于另一圆, 其切点顺次是E、F、G、H。

求证: $EG \perp FH$。

根据前举的提示, 应有如下的证明:

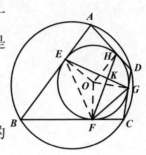

证法一〔普通〕

叙述	理由
1. 若内切圆的中心是O, 连EO、FO、GO、HO、EF	1. 作图法
2. $\angle A + \angle EOH + \angle AHO + \angle AEO = 360°$	2. 四边形四内角和是360°
3. $\angle AHO = 90°$, $\angle AEO = 90°$	3. 切线$\perp$过切点的半径
4. $\therefore \angle A + \angle EOH = 180°$	4. 由2减去3
5. 同理 $\angle C + \angle FOG = 180°$	5. 仿2~4
6. $\therefore \angle A + \angle C + \angle EOH + \angle FOG = 360°$	6. 由4、5相加
7. 但 $\angle A + \angle C = 180°$	7. 圆内接四边形对角相补
8. $\therefore \angle EOH + \angle FOG = 180°$	8. 由6减去7
9. 又$\because \angle EOH = 2\angle EFH$, $\angle FOG = 2\angle FEG$	9. 中心角二倍于夹同弧的圆周角
10. $\therefore 2\angle EFH + 2\angle FEG = 180°$	10. 以9代入8
11. $\angle EFH + \angle FEG = 90°$	11. 由10折半
12. 但$\angle EFH + \angle FEG + \angle EKF = 180°$	12. △三内角和是180°
13. $\therefore \angle EKF = 90°$	13. 由12减去11

| 14. | ∴ $EG \perp FH$ | 14. 夹直角的两线垂直 |

这样的证法是相当麻烦的, 假使我们把定理变通一下, 可把上举的证明改写如下:

证法一 (简化)

叙述	理由
1. 同前	1. 同前
2. ∵ $\angle A + \angle EOH = 180°$, $\angle C + \angle FOG = 180°$	2. 两切线的夹角与过切点的两半径 的夹角相补
3. 又 $\angle A + \angle C = 180°$	3. 圆内接四边形的对角相补
4. ∴ $\angle EOH + \angle FOG = 180°$	4. 从2.中的两式的和减去3
5. $\angle EFH + \angle FEG = 90°$	5. 同圆的两中心角相补, 则夹同弧 的两圆周角相余
6. ∴ $EG \perp FH$	6. △的两角相余, 则第三角的两边 垂直

上举2、5、6的理由, 都是从书中的定理变通而得的。这样的证明, 比前述的方法简捷得多吗。

这一题还有两种证法, 现在列举于后, 每一法都举通常的和简化的两种, 学者对各简法中所举变通的定理, 应特别注意。

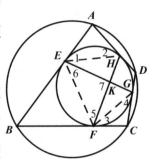

证法二 (普通)

叙述	理由
1. 连 EH、EF、FG	1. 作图法
2. ∵ $\angle A + \angle 1 + \angle 2 = 180°$, $\angle C + \angle 3 + \angle 4 = 180°$	2. △三角和180°
3. ∴ $\angle A + \angle 1 + \angle 2 +$ $\angle C + \angle 3 + \angle 4 = 360°$	3. 2的两式相加
4. 但 $\angle A + \angle C = 180°$	4. 内接四边形对角相补

5. ∴ ∠1+∠2+∠3+∠4=180°　　5. 从3减去4
6. 又∵AE=AH, CF=CG　　6. 圆外一点所引两切线相等
7. ∴ ∠1=∠2, ∠3=∠4　　7. 等腰△底角相等
8. ∴ 2∠A+2∠3=180°　　8. 以7代入5
9. ∠1+∠3=90°　　9. 由8折半
10. 又∵∠1=∠5, ∠3=∠6　　10. 弦切角等于夹同弧的圆周角。
11. ∴ ∠5+∠6=90°　　11. 以10代入9
12. 但 ∠5+∠6+∠7=180°　　12. △三角和是180°
13. ∴ ∠7=90°　　13. 由12减去11
14. EG⊥FH　　14. 夹直角的两直线垂直

证法二（简化）

叙述	理由
1. 同前	1. 同前。
2. ∵ AE=AH, CF=CG	2. 从圆外一点所引两切线相等。
3. ∠A+∠C=180°	3. 圆内接四边形对角相补。
4. ∴ ∠1+∠3=90°	4. 两个等腰△的顶角相补, 则底角相余。
5. 又∵ ∠1=∠5, ∠3=∠B	5. 弦切角等于夹同弧的圆周角。
6. ∴ ∠5+∠6=90°	6. 代入。
7. ∴ EG⊥FH	7. △两角相余, 第三角的两边垂直。

证法三（普通）

叙述	理由
1. 若AD、BC的延长线交于L	1. 两线不∥则相交
2. 则 LF=LH	2. 切线相等定理
3. ∠1=∠2	3. 等腰△底角等
4. 但 ∠1+∠3=180°	4. 外边一直线的两邻角相补
5. ∴ ∠2+∠3=180°	5. 代入
6. 同理∠4+∠5=180°	6. 仿1~5
7. 又∵∠A+∠3+∠4+∠6 =∠C+∠2+∠5+∠7=360°	7. 四边形四角的和是360°

8.　　$\angle A+\angle C=180°$	8.　圆内接四边形对角相补。
9.　∴　$\angle 6+\angle 7=180°$	9.　从7中两式的和减去5、6、8
10.　但　$\angle 6=\angle 7$	10.　对顶角相等
11.　∴　$2\angle 6=180°$	11.　以10代入9
12.　　　$\angle 6=90°$	12.　由11折半
13.　∴　$EG\perp FH$	13.　夹直角的两直线垂直

若$AD\parallel BC$，则HF是直径，$\angle 2=\angle 3=90°$，5式当然也成立。

证法三（简化）

叙述	理由
1.　∵　$\angle 2+\angle 3=180°$， 　　　$\angle 4+\angle 5=180°$	1.　一圆的两切线与连切点的弦所成 　　内错角相补
2.　又　$\angle A+\angle C=180°$	2.　圆内接四边形对角相补
3.　∴　$\angle 6+\angle 7=180°$	3.　两个四边形的三组角分别相补， 　　则第四组角也相补
4.　∴　$EG\perp FH$	4.　对顶角相补，则两线垂直

上举第二简化证法中4的理由，和第三简化证法中1、3、4的理由，都是书中未见而从已知定理变通所得的，学者平时若能多加运用，对证法的发现，一定会有很大的帮助。

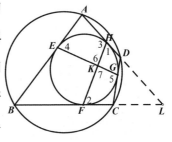

证法三

证法的推陈出新

我们找到了一个几何题的证法，绝不可自我满足，应该进一步去研究，看有没有别的新证法。以前学过的定理或做过的习题，在学到后面的定理时，还应该回过去重新研究，看能不能用后面的定理来证明。照这样做，不但能使思考能力获得进步，还因各种证法所用的定理和所作辅助线的不同，获得练习运用定理和作辅助线的机会。这种机会是学习几何的人应该自己去努力找寻的。

譬如有一个习题："过弦AB的一端B，作一切线BC，过一端A作BC的垂线AC与一直径AD，则$\angle DAB=\angle BAC$"，这是要证两角相等的题目。我们把两角相等的各种证法分别试用，可得五种不同的证法。现在分别详细加以解析，列举思考过程于下，学者试根据它写出证明。

（1）利用全等三角形可以证明吗？因为$\angle ACB$是直角，试作$BE\perp AD$，于是在$\triangle ABC$、ABE中，有相等的直角和公共边，只需再证∠3=∠4，就可以全等了。怎样才可以证∠3=∠4呢？∠4是弦切角，应等于∠D，那么∠3能不能等于∠D呢？又观察得∠ABD是半圆内的圆周角，也是直角，∠3和∠D都是∠1的余角，当然是相等的。这样一来，两三角形的全等就没有问题，∠1=∠2就可以证明了。

（2）利用等腰三角形可以证明吗？因∠1是弦AB和半径AO的夹角，若连BO，则∠1就是等腰三角形的一个底角，得∠1=∠3。那么∠2是否等于∠3呢？要解决这一问题，非AC//OB不可。因BC是切线，故OB⊥BC，题设AC⊥BC，于是这一个问题立即解决了。

（3）利用相似三角形可以证吗？观察到∠2在Rt△ABC中，那么∠1是不是在另一个Rt△中呢？试连BD，就得Rt△ABD，这两个Rt△中的∠3是应该等于∠D的，于是∠1也应该等于∠2了。

（4）易知∠2是∠3的余角，那么∠1是哪一个角的余角？能不能利用等角的余角证呢？若连BD，∠1就是∠D的余角，但证法与前面相同。我们不妨变换一下，过A作切线AE，交

BC 或其延长线于 E，$\angle 1$ 就是 $\angle 4$ 的余角。因从 E 所引圆的两切线相等，$\angle 3$ 和 $\angle 4$ 是等腰三角形的底角，相等，于是 $\angle 1$ 和 $\angle 2$ 也应该相等。

（5）若 AC 交圆于 E，则 $\angle 1$ 和 $\angle 2$ 是 $\overset{\frown}{BD}$ 和 $\overset{\frown}{BE}$ 所对的圆周角，能不能利用等弧所对的圆周角证呢？要证 $\overset{\frown}{BD}=\overset{\frown}{BE}$，可连 DE，应用定理，"弦与切线平行，则切点平分这弦所对的弧"，需证 $DE /\!/ BC$。观察到 DE 和 BC 都是 AC 的垂线，它们的平行是极易证明的。

仔细思考以上的各种证法，最后一种是有些缺点的，因为 AC 不一定会同圆相交，有时必须延长才相交，那时虽仍得 $\overset{\frown}{BD}=\overset{\frown}{BE}$，但所得的是 $\angle 1 = \angle 3$，还需根据内接四边形的外角等于内对角的定理，才得 $\angle 1 = \angle 2$。若在特殊情形下，AC 恰巧也是圆的切线，那么 $AD /\!/ CB$，$\angle 1 = \angle 2$ 的理由是极简单的。

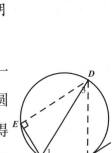

可见一题虽有许多不同的证法，但其中不免有些是不完美的，我们还应该仔细考虑。

这里还有一条重要的定理，"三角形一内角的平分线所分对边的两部分，必与两邻边成比例"。同学们在教科书中一定都学到了它的证明。但有些书提出这一条定理的时候，还没有讲到相似三角形的定理，因而证法较繁。我们假使在学过相似三角形定理以后，再回过去研究一下，知道用后面的定理去证明它，比较容易。好在相似三角形定理不是根据这一个定理推得的，在理论体系上不至于犯循环颠倒的毛病。现在把这个定理的两种新证法分别列述于后：

（1）从 C 作 AB 的平行线，夹 $\angle A$ 的平分线 AD 的延线于 E。因 $\angle 1 = \angle 3$，$\angle 4 = \angle 5$，故 $\triangle ABD \backsim \triangle ECD$，$AB : EC = BD : DC$。但 $\angle 2 = \angle 1 = \angle 3$，故 $EC = AC$，代前式得 $AB : AC = BD : DC$。

（2）作 CE，使 $\angle 3 = \angle B$，则 $\triangle ABD \backsim \triangle ACE$，$AB : AC = BD : CE$。又因 $\angle 4 = \angle 1 + \angle B$，$\angle 5 = \angle 2 + \angle 3$，故 $\angle 4 = \angle 5$，$CE = DC$，代前式得 $AB : AC = BD : DC$。

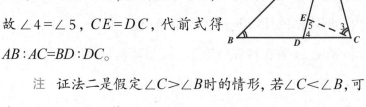

注 证法二是假定 $\angle C > \angle B$ 时的情形，若 $\angle C < \angle B$，可在 $\angle B$ 内取一部分等于 $\angle C$，证法仍是一样。至于 $\angle C = \angle B$ 时，$\triangle ABC$ 是等腰三角形，这定理的成立，再简单不过了。

化难题为简易

证几何题时的解析思考，是一项最重要的工作，一个定理的证法能否发现，重点全在于这一工作是否做好。任何难题经过了适当的解析，可以逐步化为简易，最后自然会和极简单的原理符合，于是这难题就很容易解决了。这经繁复为简易的方法，其实在前举的范例里面随处可以见到。因为在几何的学习方面，这是最关紧要的部分，所以这里重新举例，详加讨论。

如我们有下列的三题：

（1）△ABC的∠B、∠C的角平分线交于D，过D作BC的平行线，交AB、AC于E、F，则$EF=BE+CF$。

（2）△ABC的∠B平分线与∠C的外角平分线交于D，过D作BC的平行线，交AB、AC于E、F，则$EF=BE-CF$。

（3）△ABC的∠C的平分线交AB于E，过E作BC的平行线，交AC于F，交∠C的外角平分线于G，则$EF=FG$。

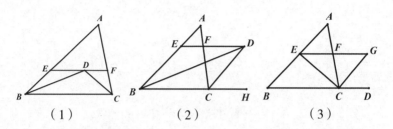

（1）　　　　　　（2）　　　　　　（3）

这三题的图形虽然不同，但仔
细观察，可以看出各图中都包含如
右的简单图形。在这一个简单的图
中，若已知∠1=∠2，$QP /\!/ OX$，则可证

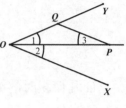

∠1=∠2=∠3，△QOP是等腰三角形，即$QP=QO$。这一个极
简单的题目，可写作：

　　从一角的平分线上的一点作一边的平行线，与另一边
相交，必组成一等腰三角形。

　　这是初学几何的人都会做的。能做这一个题目，那么
上举的三个题目岂不是都能做吗？在题（1）和（2）中，用
这一个方法可证$ED=BE$，$DF=CF$，两式相加或相减就得。
在题（3）中，同法可证$EF=CF$，$FG=CF$，比较两式，就得
$EF=FG$。

　　下面另举一个较难的题目，我们加以解析，可使题目归
于简易。

　　若两圆相交，通过一交点作两直线，各止于两圆周，使
与公共弦夹等角，则这两直线相等。

假设：两圆相交于 A、B，过A作两直线CAD、EAF，各交圆于C、D、E、F，且$\angle EAB = \angle DAB$。

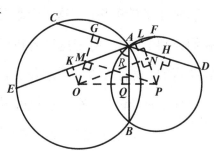

求证：$CD = EF$。

解析一　要直接证$CD = EF$，似乎很困难，应该设法加以改变。因为这两直线都是从两圆中的两弦接成的，故可利用从中心到弦的垂线，把每一线上的两段各平分，于是CD和EF各缩短一半而成GH和KL，因GH和KL各是一个梯形的腰，证这两线相等，似乎比原题简单一些。但要证这两个梯形的腰相等，还是比较困难，应再设法改变。若利用平行线，移GH和KL到MP和ON的位置，因MP和ON是$Rt\triangle OPM$、PON的边，要证它们相等，只需先证$Rt\triangle OPM \cong Rt\triangle PON$就得，不是更加简单了吗？在这两个直角三角形中，斜边是公共的，若能再得一对等量，就可以确定它们全等。那么所需的等量是角还是边呢？因题中有已知的等角，故一定是要用角的。若认定$\angle NOP$和$\angle MPO$，来证它们相等，又化简了一步。因为中心线和公共弦垂直，知$\angle NOP$是$\angle ORQ$的余角。但$\angle ORQ = \angle EAB$，故$\angle NOP$是$\angle EAB$的余角。同理，$\angle MPO$是$\angle DAB$的余角，故$\angle NOP = \angle MPO$。于是两个直角三角形可以全等，$CD = EF$也跟着成立。

从上举的解析,把这一个难题逐步化成简易,终究让我们找到了证法。但是这样解析所通过取的途径,还是比较曲折的,我们另换一条途径进行,可知这道题还算不得一道真正的难题。下面就是本题的第二种证法的解析:

解析二　使CD和EF做两三角形的边,设法证这两三角形全等。试连CB、DB、EB、FB,在△CDB、EFB中,$\angle C=\angle E$,$\angle D=\angle F$,只需再证$CB=EB$即可。要证$CB=EB$,即证△BCE是等腰三角形,只需先证$\angle BCE=\angle BEC$,因这两角同题设的等角都有相当的关系,它们的相等是极易证明的,所以本题得到解决。

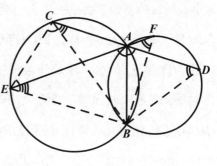

定理的举一反三

我们在前面曾经说过,每一定理必有一逆定理,又有一否定理和一逆否定理。这样的四条定理,往往有类似的证法和作类似的辅助线。因此我们知道了其中一定理的证法,在遇到要证其他三定理时,就可以用同类的方法处理,使我们省力不少。学者在证过一条定理以后,若能进一步研究它的三种变形,不但对这一证法能有更深刻的印象,还会得到许多新的经验。学习几何的人绝不要放弃这种研究机会。

现在举一个关于梯形性质的具体例子。

(1)等腰梯形的两条对角线相等。

这定理可以用下法证明:

从 A 作 $AE /\!/ DC$,交 BC 于 E,作 $AF /\!/ DB$,交 CB 的延长线于 F,又作 $AG \perp BC$。则 $AECD$、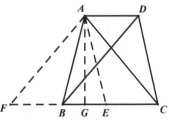

$AFBD$ 都是 ▱,$AE = DC = AB$,$AF = DB$,从定理"等腰 $\triangle$ 底

边上的高平分底边",得$BG=GE$。又因$FB=AD=EC$,故$FG=GC$,从前举定理的逆定理,得$AF=AC$,即$DB=AC$。

有了这样的证明,再证它的逆定理

(2)若梯形的两条对角线相等,则为等腰梯形时,可用同法作辅助线,得证明如下:

从已知的$AF=DB=AC$,得$FG=GC$。减去$FB=EC$,得$BG=GE$。于是知$AB=AE=DC$。

又若证它的否定理

(3)若梯形的两腰不等,则两对角线也不等,过大腰与大底的夹角的顶点的较大,仍用同法作辅助线,得证明:

因假设$AB>DC$,即$AB>AE$,从定理"从一点到一直线作一垂线和两斜线,大斜线的足必距垂足远",得$BG>GE$,与$FB=EC$相加,得$FG>GC$。再从前举定理的逆定理,得$AF>AC$,即$DB>AC$。

(3)　　　(4)

再证逆否定理

(4)若梯形的两对角线不等,则两腰也不等,过大对角线与大底的夹角的顶点较大时,所用的方法仍和以前的类似。

先从假设$DB>AC$,知$AF>AC$,得$FG>GC$,减去$FB=EC$,得$BG>GE$。于是知$AB>AE$,即$AB>DC$。

证题的融会贯通

几何证明题虽极多,但是有许多是表面不同而实际完全一样的,像范例60和研究题十五的(8)就是。我们在学习几何的时候,应随时留意,把这些同类的证题融会贯通起来,就能通过做一题,而能做许多同类的题,可以得到不少便利。

如下列的三个题目:

(1)四边形各边的中点顺次连成的图形,是一个平行四边形。

(2)四边形的一组对边同两对角线的中点顺次连成的图形,是一个平行四边形。

(3)延长四边形$AKCL$的两组对边,AK、LC交于B,AL、KC交于D,若AB、BC、CD、DA的中点顺次是E、F、G、H,则$EFGH$是平行四边形。

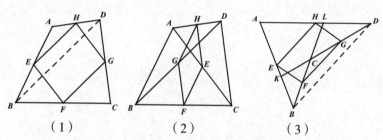

（1）　　　　　　（2）　　　　　　（3）

就表面看来，这是三个完全不同的题目，但实际没有什么两样，理由如下：

把（1）题中的四边形$ABCD$的BC边反过一个方向，就成（2）题。又把（1）题的四边形的$\angle C$换作优角（大于$180°$），就成（3）题。它们的证法，都是应用三角形两边中点的连线定理，先证$EH \underset{=}{\parallel} \frac{1}{2}BD$，$FG \underset{=}{\parallel} \frac{1}{2}BD$，再证$EH \underset{=}{\parallel} FG$，从而确定$EFGH$是▱。

有时几个证明题的图形，粗看截然不同，但是其中含有类似的部分，因而证法也就一样。如在下列两题中，虽然一是三角形，一是四边形，但其中所含的全等三角形有相同的性质：

（1）在$\triangle ABC$的各边上向外各作等边三角形ABD、BCE、CAF则$CD=AE=BF$。

（2）在四边形$ABCG$的一组对边AB、CG上向外各作等边三角

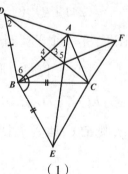

（1）

形 ABD、CGF，又在 BC 上向内作等边三角形 BCE，则 $DE=AC$，$EF=BG$。

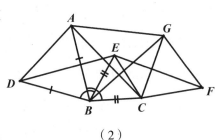

（2）

在（1）的图中，因 $\angle DBA=\angle CBE=60°$，两边各加 $\angle ABC$，得 $\angle DBC=\angle ABE$。又 $DB=AB$，$BC=BE$，故 $\triangle DBC\cong\triangle ABE$，$CD=AE$。其余同理。在（2）的图中，也可证全等三角形，证法完全一样。

另外还有两个题目，证法仍和前述的类似：

（3）A、B、C 是在一直线上的顺次三点，以 AB、BC 为边，向同侧各作等边三角形 ABD、BCE，则 $AE=CD$。

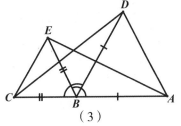

（3）

（4）A、C、B 是在一直线上的顺次三点，以 AB、CB 为边，向两侧各作等边三角形 ABD、CBE，则 $AE=CD$。

在上举的四题中，证得任何两相等线段都夹 $60°$ 的角，各题的证法也完全类似。

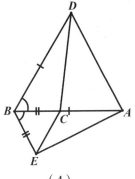

（4）

譬如在（1）题中，从全等三角形得 $\angle 1=\angle 2$，从对顶角定理得 $\angle 3=\angle 4$，于是根据定理"两△

的两组角相等,则第三组角也等",得∠5=∠6=60°。

这些题目还可以推广一下,把等边三角形换作正方形,结果也可以用同法证得等线,且每两等线必垂直。如下列的三题,证法仍与前举的四题类似。

(5)在△ABC的两边AB、AC上向外各作正方形ABDE、ACFG,则BG=CE,BG⊥CE,图见范例23。

(6)在线段AB上任取一点C,以AC,CB为边,向同侧各作正方形ACDE,CBFG,则AG=DB,AG⊥DB。图与范例22类似。

(7)在四边形ABCD的各边上向外各作正方形ABEF、BCGH、CDKL、DAMN,其中心顺次是P、Q、R、S,则PR=QS,且PR⊥QS。

本题的证法,需连AC,取中点O,仿范例23,先证PO=QO,PO⊥QO,RO=SO,RO⊥SO,然后再用以上各题的方法。

图形的连续演变

上节所举例题的图形，多数是从同一图形演变而成的，所以它们的证法很类似。譬如关于等边三角形的（1）题，边 AB 和 BC 不在一直线上，若固定 B 点把 $\triangle BCE$ 旋转，使 AB 和 BC 接成一直线，就成（3）题的图形；使 BC 合于 AB 时成（4）题的图形。又若固定 BC，把 $\triangle BCE$ 翻折后再绕 B 旋转，则成（2）题左边的图形。

利用图形的连续演变，往往可把一题推广而得许多不同的题。我们做过了其中的一题，另外的题就不必重起炉灶，只需用相类似的方法写出证明来即可。

这里有一个很普通的几何证明题，把它的图形连续变化，可得二十三种不同的形式，就得到二十三个不同的习题：

（1）两圆相交于 A、B，通过两交点各作一直线 CAD、EBF，止于两圆，则 $CE /\!/ DF$。

这一题的证法很多,下举的是其中的一种:

连公共弦AB,又延长DF,则$\angle 1=\angle 2=\angle 3$,于是得$CE/\!/DF$。

以下五题的图形虽与(1)各不相同,但证法仍是一样。

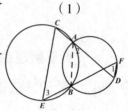

（1）

（2）两圆相交于A、B,通过两交点各作一直线CAD、EBF,止于两圆,则$CE/\!/FD$（CE与FD的记法兼表方向）。

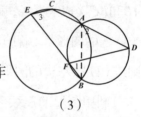

（2）

（3）两圆相交于A、B,通过A作直线CAD止于两圆,从B作直线BFE,交两圆于E、F,则$CE/\!/DF$。

（4）两圆相交于A、B,通过A作直线CAD止于两圆,从B作直线BFE,

（3）

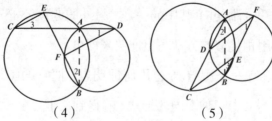

（4）　　　　　（5）

交两圆于E、F,则$CE/\!/FD$（与上题的方向不同）。

（5）两圆相交于A、B,从两交点各作一直线ADC、BEF,各交于两圆,则$CE/\!/DF$。

（6）两圆相交于A、B，从两交点各作一直线ADC、BFE，各交于两圆，则CE∥FD。

若在前图中，D、F两点相合，则DF弦可换成过这相合点的切线，又得不同的三题。

（7）两圆相交于A、B，通过A作直线CAD止于两圆，连DB，延长交圆于E，又过D作切线DP，则CE∥DP。

（8）两圆相交于A、B，通过A作直线CAD止于两圆，连DB，交圆于E，又过D作切线DP，则CE∥DP。

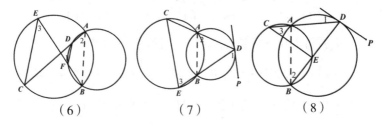

（6）　　　　（7）　　　　（8）

（9）两圆相交于A、B，从A作直线ACD交于两圆，连DB，交圆于E，又过D作切线DP，则CE∥DP。

（9）

若D与A相合，则CA为一圆的切线，又可演变而得四题：

（10）两圆相交于A、B，过A作一圆的切线，交另一圆于C，过B作直线EBF止于两圆，则CE∥AF。

（10）

（11）两圆相交于A、B，过A作一圆的切线，交另一圆于

C, 过B作直线EBF止于两圆, 则$CE/\!/FA$。

（12）两圆相交于A、B, 过A作一圆的切线, 交另一圆于C, 从B作直线BFE交于两圆, 则$CE/\!/AF$。

（13）两圆相交于A、B, 过A作一圆的切线, 交另一圆于C, 从B作直线BFE, 交于两圆, 则$CE/\!/FA$。

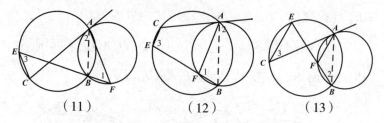

（11）　　　　（12）　　　　（13）

若D与A相合, 同时E与C合, 则得下列两题:

（14）两圆相交于A、B, 过A作一圆的切线, 交另一圆于C, 连CB, 延长交一圆于F, 又过C作切线CP, 则$CP/\!/AF$。

（15）两圆相交于A、B, 过A作一圆的切线, 交另一圆于C, 连CB, 交一圆于F, 又过C作切线CP, 则$CP/\!/AF$。

若D与A重合, 同时E与B重合, 则得下列一题:

（16）两圆相交于A、B, 过A作一圆的切线, 交另一圆于C, 过B作第二圆的切线, 交第一圆于F, 则$CB/\!/AF$。

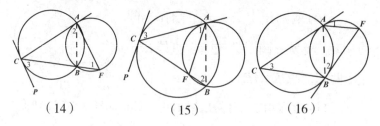

（14）　　　　（15）　　　　（16）

若D与A重合, 同时F与B重合, 则得下列两题:

(17)两圆相交于A、B, 过A、B作同一圆的切线, 各中交另一圆于C、E, 则CE//AB。

(18)两圆相交于A、B, 过A、B作同一圆的切线, 各交另一圆于C、E, 则CE//BA。

若D与A重合, F与B重合, 而又E与C重合, 则得下列一题:

(19)两圆相交于A、B, 过A、B作同一圆的切线, 若两

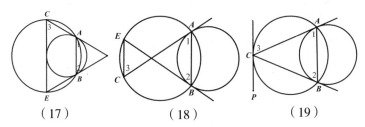

（17）　　　　　（18）　　　　　（19）

切线的交点C在另一圆上, 过C作切线CP, 则CP//AB。

以上各题是把过两交点的两直线的位置连续演变而成的。最后我们再变更两圆的位置, 使两交点A与B合, 就成相切的两圆, 可另得两题。证法除需添作一公切线外, 仍与前题类似:

(20)两圆外切于A, 过A作两直线CD、EA, 止于两圆, 则CE//FD。

（20）

(21)两圆内切于A, 从A作两直线DC、FE交于两圆, 则CE//DF。

若F与D重合，则同时E也与C合，又得以下两题：

（22）两圆外切于A，过A作一直线CD，止于两圆，过C、D各作切线CP、DQ，则CP//QD。

（23）两圆内切于A，从A作一直线ADC交于两圆，过

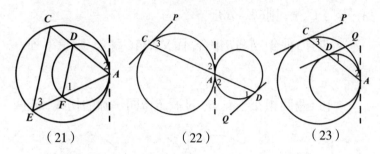

（21）   （22）   （23）

C、D各作切线CP、DQ，则CP//DQ。

特殊技巧的运用

有许多几何定理的假设同终结很难接近，图中各部分的关系不容易显出，这时候必须使用特殊的技巧，方才能够证明。使用特殊技巧的目的，不外是变更图中一部分的位置，使其与别的部分发生联系，借此获得适当的证法。这些技巧在以前所举的例题中若细加留意，时常会遇到。其中最常用的是平移法，另外还有旋转法和翻折法等，在前面讨论不等线以及本部分的例题中用得很多。现在为便于初学者学习起见，再来举一个特殊的例子：

若四边形的一组对边相等，延长这一组边，使各与另一组对边的中点连线相交，则两个交角必相等。

假设：在四边形$ABCD$中，$AB=DC$，又E、F各是BC、AD的中点，延长BA、EF、CD，相交而成$\angle 1$、$\angle 2$。

求证：$\angle 1=\angle 2$。

若利用平移法，可得四种不同的证明。其中的一种在研究题二（5）的图中已经暗示，其余三种如下：

（1）平移AB、DC到FG、FH的位置，即造▱ABGF，▱DCHF，则BG∥AF∥FD∥HC，于是知BHCG也是▱，一对角线GH必过另一对角线BC的中点E。因GE=EH，FE是等腰△FGH底边上的中线，故∠3=∠4。又因∠1和∠3，∠2和∠4各是平行线间的同位角，故∠1=∠2。

（2）平移AB到DG的位置，即造▱ABGD，取GC的中点H，则EH∥½BG∥½AD∥FD，故FEHD也是▱，DH∥FE。因∠1、∠3的两组边分别同向平行，故∠1=∠3，仿前证可得∠1=∠2。

（3）平移∠1、∠2到∠3、∠4的位置，若AH、BL、CK、DG都垂直于EF，可证△AHF≌△DGF，△BLE≌△CKE，得AH=DG，BL=CK。又因AMLH和DNKG都是▱，故ML=AH=DG=NK，BM=CN，△ABM≌△DCN，于是得

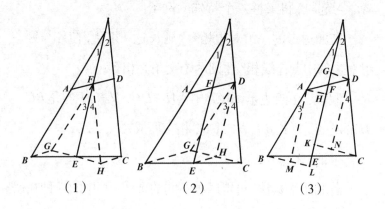

（1）　　　　（2）　　　　（3）

∠3=∠4，即∠1=∠2。

若利用旋转法，又可得如下的两法：

（1）固定E，把△ECD旋转$180°$，成△EBG，则$AB=DC=BG$，∠3=∠4，因$DF=FA$，$DE=EG$，故AG//FE。因BC、GD互相平分，故$BGCD$是□，BG//DC。于是得∠3=∠1，∠4=∠2，故∠1=∠2。

（2）固定F，把△FDC旋转$180°$，成△FAG，仿上法可证GB//FE，GA//DC，故得∠1=∠3=∠4=∠2。

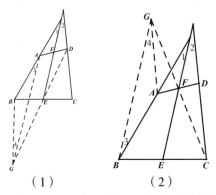

（1）　　　　　（2）

若利用翻折法，可用如下的证明，但步骤太过烦琐。这里不过是示范的意思，在实际证题时，当然用前面的方法较方便。

以FE为轴，翻折AB到MN的位置，连AM、BN，各交FE于H、L，又作DG、CK各垂直于FE，则AM、BN各垂直于FE，得$AH=HM$，$BL=LN$。又仿平移法（3）可

证$GK=HL$，两边各减HK，得$GH=KL$。又因FE是△ADM、BCN的中边中点连线，故$GHMD$、$KLNC$都是▱，$DM=CN$，又$MN=AB=DC$，故$MNCD$是▱，$MN/\!/DC$，$\angle 1=\angle 3=\angle 2$。